# 职场软实力调色盘

## 放大职场价值的艺术

蒋齐仕　著

电子工业出版社·
**Publishing House of Electronics Industry**
北京·BEIJING

# 内 容 提 要

为了帮助职场人士更好地体现和放大自己的价值，让更多的人在职场上更愉快地工作，进而让自己的生活变得更好，作者根据自己 18 年来为不同企业和职场中不同层级的学员提供领导力和软实力训练服务的经验，以"持续学习（建立持续学习理念，拓展学习偏好）→用好时间（在团队中高效用好时间，放大时间价值）→呈现自己（通过让更多人了解自己的工作，进而集聚更多资源）→放大自己（以有效的当众表达，更好地放大职场价值）"这样的逻辑主线，深入阐述了职场中最核心的四大软实力，即性格成长力、时间影响力、沟通协调力和当众表达力，以及它们对放大职场价值的重要作用。

本书致力于唤醒人们对于软实力在职场中的价值的重视，同时为这些需要终生修炼的软实力提供提升的方法，帮助更多人在职场中收获良好的人际关系、平衡的身心健康，尤其是心理健康。

**图书在版编目（CIP）数据**

职场软实力调色盘：放大职场价值的艺术 / 蒋齐仕

著 . -- 北京：电子工业出版社，2025.8. -- ISBN 978-

7-121-50868-4

Ⅰ.B848.4-49

中国国家版本馆 CIP 数据核字第 202512GH21 号

责任编辑：石会敏

特约编辑：侯学明　肖　宁

印　　刷：三河市鑫金马印装有限公司

装　　订：三河市鑫金马印装有限公司

出版发行：电子工业出版社

　　　　　北京市海淀区万寿路 173 信箱　　邮编：100036

开　　本：720×1000　1/16　　印张：14.50　　字数：230 千字

版　　次：2025 年 8 月第 1 版

印　　次：2025 年 8 月第 1 次印刷

定　　价：69.00 元

凡所购买电子工业出版社图书有缺损问题，请向购买书店调换。若书店售缺，请与本社发行部联系，联系及邮购电话：（010）88254888，88258888。

质量投诉请发邮件至 zlts@phei.com.cn，盗版侵权举报请发邮件至 dbqq@phei.com.cn。

本书咨询联系方式：shhm@phei.com.cn。

# 软实力学习践行的十三年

蒋老师是我见过的对软实力训练最有热情，在软实力培训领域从业时间最长，对软实力思考、投入最多的老师，也是对我曾经的同事们影响最大的一位老师。

接到写推荐序这个任务时，我受宠若惊：我不是蒋老师学员中"位高权重"的优秀学生，也不是他认识的人中具有超凡影响力的人，而且写推荐序又是一项那么荣耀和自豪的任务！但我没有做任何推辞，因为我是对蒋老师的软实力训练"中毒"很深的人，十多年来我一直在学习和践行蒋老师的课程内容和思想，与大家分享软实力的学习和实践体验。

2012 年，我当时所服务的公司开始采用蒋老师的培训，我作为培训对接人和课程实施的协助者，有幸参与了课程的设计和实施的全过程。在此后 5 年里，蒋老师在公司开展的包括高管、中层、关键人群的培训，我几乎协助了所有课程。与软实力的缘分也由此开始。

软实力的培养和发展始于"认识自我"。在结识蒋老师之前，职场中的各类性格测试总让我抗拒——我不愿被简单归类，更反感被贴标签。然而蒋老师的 MBTI 课程却带来了意外惊喜：我像所有参加过蒋老师培训的学员一样，不仅被蒋老师对测试的理解深深吸引，还特别愿意在课后第一时间与家人和同事分享。面对 MBTI 的 16 个房间，我们不再拘囿于某一个，而是以开放的心态欣赏其他房间，满怀热情地尝试用不同房间的语言来约会聊天。不知不觉间，我们意识到，突破舒适区、拓展能力边界不再是苦事，反倒成了充满成就感的探索之旅。心理学中有一个很重要的概念"可习得性"，通常是说个体可以通过学习、系统训练或环境塑造，掌握某种技能或心理特质。能力也是如此，虽然每个人都有先天的性格底色，但通过后天有意识的锻炼和拓展，也能够获得新的职业能力。

蒋老师的课堂独具魅力：学员不能超过 18 个人，每人仅一椅而无桌，上课时蒋老师极少使用教材或 PPT。在这般朴素的环境下，学员却总能热情参与、高度沉浸。课堂上，大家乐于分享职场与生活中的真实困境，全情投入于新工具的内化练习；课后，MBTI 的应用更成为团队交流的热议话题，培训中的工具和模型为管理沟通提供了共同语言。这种持续发酵的学习效应，往往会对学员产生持久影响。在我离开与蒋老师合作的中外合资企业后，我先后在政府机关和普通高等院校任职。每次跨越，我都努力走出自己的"房间"，尝试切换不同的"频道"，这个过程让原本的"房间边界"更加清晰。在此期间，我完成了美国亚利桑那州立大学心理学专业第二硕士学位的学习深造。这段成长历程，正是软实力不断践行的过程。系统的心理学训练，让我对蒋老师的思想有了更深刻的理解和感悟。时至今日，无论自己身在何处，唯一感到不变的是，蒋老师的课程是我最推崇的个人和组织的领导力培训课程，值得向每个追求卓越的个人和组织推荐。

对参加过蒋老师培训的读者而言，这本书犹如老友重逢——既是课堂精华的浓缩，又似一本实用的工具手册，可以常备案头时时翻阅。对于初次接触蒋老师思想的读者来说，这本书延续了他一贯的授课风格：语言平实却直指人心，书中描绘的职场故事就像发生在自己身边的场景，晦涩难懂的工具和模型被转化为触手可及的职场智慧，读来自然轻松又收获满满。

除了职业发展场景，书中内容同样适用于生活场景。家庭经营与企业管理和职业发展有许多相同之处，常常需要经历诸多"不得不"的情境磨砺，而软实力正是应对这些挑战的基石。若有意探索，读者不妨将书中的模型工具延伸应用于夫妻相处与亲子互动的场景中。

最后，也是最重要的一点是："纸上得来终觉浅，绝知此事要躬行。"对书中内容最真挚的致敬，莫过于将其应用在生活的点点滴滴。每个人都有独特的家庭背景、教育经历、生活环境等，对软实力的应用终将形成个性化的诠释方式，并会以自洽的方式实现自我成长，提升生命体验。

张琳琳

这本书从落笔到今天，已经过去了近三年的时间。而我，也已经在软实力训练这个领域工作了 18 年。

2022 年，在软实力工场成立十周年之际，我下定决心写我的第二本书。

十多年来，软实力工场专注于软实力训练，长期为不同行业的世界顶级公司提供专业服务。在为这些客户提供服务的过程中，我们不断收集反馈，调整课程设置、改进训练方法，赢得了客户的长期合作，并在 2022 年迎来了与多家客户连续合作的十周年纪念日。

在为客户不同层级的人员提供服务的十多年里，我发现，良好的软实力，不仅能够让一个人在职场中持续成长，还能够有效放大其职场价值，让其更快地达到所能达到的职业高度，同时拥有良好的个人生活品质。

在逐一谈论这些软实力之前，我想先分享几点对于软实力的理解。

先说软实力的重要性。关于这一点还是引用"大 V"的说法来得直接些。罗振宇在 2022 年那场没有现场观众的跨年演讲中（建议观看那段视频，时间段大约是完整版的 2:32:30 到 2:43:05），提到了一种"35 岁现象"，具体而言就是"35 岁公司就不要啦，35 岁就不能升职啦"的职场挑战。他说，这种现象看上去没有道理，因为"无论从生理学还是心理学的观点看"，都是"我 40 岁的大脑青春正好，为何说我 35 岁的肉身宝刀已老"。他指出，真正导致"35 岁现象"的，是那些遇到这种职场挑战的人缺乏"不能写入简历的"那些"关于人的非常软性的东西"，也就是软实力。

罗振宇在演讲中说，一个人如果到了 35 岁，还只会低头用"硬本事"做事，还不会建立人与人之间的连接，就会很麻烦。而那些成功避免"35 岁现象"的人，在 35 岁之前，就已经通过强化自己的软实力，让自己成了一个既有独立功能又能与人建立连接的"插件"了。

如果硬要拿软实力和与它相对的硬实力作比较，也许这样来形容它们的不同价值是合适的：**硬实力是门槛，而软实力是跳板**——律师证可以让一个人进入律所工作，但与委托人及其他法律事务相关者良好相处的能力，才是律师在职场上获得长足发展的助力器。硬实力是开启职业大门之力，而**软实力是达到职业高度之力**。硬实力指的是人们处理事务的能力，比如使用电脑完成一篇文章或一部作品，在家里做一顿可口的饭菜等；而软实力指的是那些关于管理自己和影响他人的能力。可以想象，在职场中，在工作报告写得都差不多的人中，一定是那些善于与上级、同事和客户相处并能够在他们面前更好地运用软实力"解读"报告的人，会赢得更多职场上的可能。事实上，软实力既可以作为"门槛"，也能够成为"跳板"——观察那些看上去"没有什么本事"却善于人际交往的人，常常能够"如鱼得水"地生活着，就知道了。

我本人在年轻时就曾对这种现象深感苦恼和不平：为什么我的"活"干得不比别人的差，甚至比别人的要好，却得不到领导的赏识？

很多人在进入职场多年，尤其是遭遇人际挑战后，才会认可软实力的重要性。但有意思的是，即便是在这样的人群中，也很少有人"自己花钱"去专门学习各种软实力。即使遇到职场挑战，比如被裁员了，人们如果决心选择通过提升能力的方式去应对这种挑战、寻找新的机会，也很少会想到去学习一种或多种软实力，反而更多地选择学习各种硬实力，比如参加 MBA 考试去获得一张工商管理硕士学位证书，参加项目管理考试去获得一张 PMP 证书，参加司法考试或会计相关考试去获得一张律师证或会计证等。而在学习软实力方面，似乎只有那些像我一样想转行到靠应用软实力或传授软实力为生的人，才会考虑接受一下软实力的训练，但也局限在一些特别专业的领域，如教练、培训师认证等。

在我十多年从事软实力训练工作的经历中，专门去学习管理自己和影响他人的那些诸如个人性格、时间管理、沟通、当众表达、带领团队、思辩分析等属于软实力范畴的能力的人少之又少，当然，市场上也没有这些领域的"证书"。

那到底是什么原因，让这些如此重要的能力得不到人们足够的重视呢？

其中一个最重要的原因，就是罗振宇在前述演讲中提到的，一个人如果缺少软实力，"没有人会告诉你"。比如，在职场上，一个人说话不中听，听者如果受伤不深或者有容人之量，常常不会过于在意，更不会把自己的看法告诉说话者。尤其是那些在组织中因为各种原因略有些地位，但其软实力与其所处位置并不相配的人，比如一个颐指气使的经理，在开会时常常会让人觉得反感，但那些感觉反感的人却并不会将感受告诉这个经理。一个人做演讲时，其实表现得并不好，结束后如果他想向听众获得些反馈，问听众："我刚刚讲得怎么样？"他最可能听到的回答是："挺好的。"

这种无法获得及时真实反馈的情境，《成长的边界》(*Range*)一书的作者大卫·爱泼斯坦(David Epstein)将其称之为"扭曲的(wicked)"学习环境，在这种环境中，人们是无法获得对自我能力的准确认知的。而认知是改变的前提，一个人只有知道自己的能力存在不足，才有可能有意愿或动力去改变它。

相对而言，人们在硬实力方面获得及时真实反馈的可能性则高很多。比如我要用电脑完成一个表格，只要打开电脑，我就知道自己到底会不会摆弄它。机器或事情本身总会无情地、直接真实准确地对我们操作机器或处理事情的能力给出反馈。硬实力所处的学习环境，按大卫·爱泼斯坦的说法，就是"善意(kind)"的。

作为管理自己和影响他人的软实力，由于其反馈依赖于人的特点，只有个体已经能够用软实力作出足够的努力，才有可能获得真正及时准确的能力反馈。

在与人打交道未能取得预期结果时，人们常说"我也不知道自己哪里做错了"。这句话就会使其陷入不知从哪儿学习以提升自己软实力的境地。

人们不重视和不专门学习软实力的另一个原因，则是由人性中的外归因倾向导致的。一个员工其实不擅长与上级沟通，但他会说上级没水平；一个演讲者在演讲时不断有听众离场，他会觉得是离场的人出了问题；一个水平不高的老师在课堂上把学生讲得昏昏欲睡，他会指责学生的学习态度不够端正；一个领导在台上毫无水平地啰嗦，导致台下的人以记笔记的姿态画骂他的漫画，他一旦发现则会对台下的人进行批评惩罚，却并不会觉得自己的讲话水平有需要提高的地方；有些父母教育孩子时遭遇反抗，不会反思自己在做父母方面有需要提升之处，反倒会责怪孩子不解父母的苦心……所有这些现象，体现的都是人性中遇到困难或做得不好时的外归因倾向。"做得好是因为自己有本事，做得不好是因为环境有问题。"这是人进行心理协调的一个基本特性。

很显然，外归因让人不会有任何意愿学习和改变自己的倾向。这一点不仅在软实力上表现得十分明显，有时候在硬实力上也一样。比如，有人在使用电脑时遇到了困难，就会抱怨电脑不好。我曾经遇到过一个销售人员，他甚至把自己业绩不如同事的原因，归咎于自己的电脑不是新买的。而事实上他所用的那台电脑与同事所用的是同一型号，只是购买时间早了一些而已。

简单的外归因不只是软实力学习的障碍，事实上，它是一切能力提升的障碍。

在分析了阻碍学习软实力的主要原因之后，我还想谈一下软实力的训练方法。

从本质上讲，软实力的训练方法与其他能力的训练方法是一致的，如果要用一个词来形容，就是：练习。

练习几乎是我们掌握一切技能的唯一出路。看别人用电脑而自己不动手，是不可能学会用电脑的；看别人炒菜而自己不去掌勺，也是不可能掌握做菜的技巧的；同样，在电视剧中看一个领导者激励他人，而自己不去尝试激励他人，也是不可能提升自己的沟通技巧的。

然而有意思的是，太多的人把"看"某种技能，当作一种有效的学习方式。我有时想，如果这真的是一种有效的学习方式，那么领导力和各种软实力最强的人应该是那些电视剧爱好者。在电视剧里，有无数个具有出色的领导力及其他软实力的正面榜样，然而，遗憾的是，观看电视剧并不能帮助我们真正提高领导力或几乎任何一种软实力。事实上，只看不练，对于提升任何一种能力都没有多大帮助。这一点同样适用于阅读的情境。

记得当年我在北京大学光华管理学院读 MBA 时，因为当时 MBA 在国内刚刚开设不久，我和很多同学都希望通过拿到那个文凭完成职业转换。其中最直接的期待，就是获得升职加薪——无论是在当下供职的单位，还是跳槽到新的单位。

然而不止一次地，真的是不止一次地听到几位教授总会说这样一句话："MBA 教育其实只教授商业语言，就是让你在商业上与别人拥有共同语言，仅此而已，别指望太多。"

我不知道同学们当时的心境如何，反正我听到这样的话，是很失望的。毕竟，我们好多人都是贷款去上学的，还辛苦地通过了国家组织的统一考试。你现在告诉我只是来学什么商业语言，那我自己读几本书不就行了？"当然了，还有北大给你发的毕业证"——好在教授们的这句话，多少算是让我有了一些好心情。

读 MBA 并不能让人成为管理者，经理要当过经理才会懂得。如同爱情一样，是要爱过才能理解。这些道理，一律适用于领导力和软实力的学习。

当然，只是简单地而不是刻意地练习，一样无助于提升软实力。

同任何一种能力的习得一样，软实力的习得也需要刻意的、持续的、有目标的练习。

拿沟通协调能力来举个例子。

事实上，我们从生下来就在与人沟通。我们的沟通能力也是在这样的"练习"中习得的。

有意思的是，这种能力在达到平均水平后，就会进入平台期，就像图0-1 所示的曲线一样。

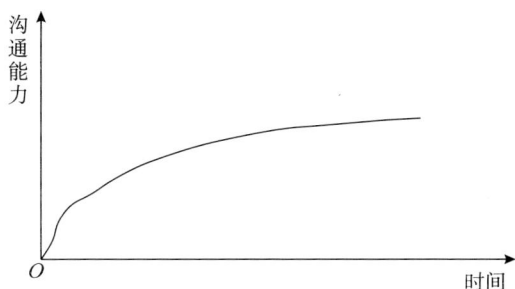

图 0-1　个人沟通能力成长曲线

很多人的沟通能力，也许在其到了一定年龄后，就一直没有提升了。不会说话的人，永远都学不会说话；喜欢噎人的人，到哪里都会噎人。

这种能力固化的情形，当然也可以用另一句话来形容，就是形成了自己的"沟通风格"。

由于职业的原因，我常常有机会观察到不同的沟通风格。比如有一个朋友，她在沟通中特别喜欢使用专业上可称之为"情感绑架"的方法，而她自己对这种方法的副作用毫无感觉。比如她参加一次聚餐，看中其中一位男士的座位，就会跟那位男士说："给你个机会发扬一下绅士精神好不好，把你的座位换给我呗？"那位男士自然会同意，但估计心理感受很一般。我同时注意到，这位朋友在其他情境中与人沟通时，也会特别频繁地使用类似的方法。

如果这位朋友不通过刻意练习，可能就会保持这种"风格"，而不会随情况变换自己的沟通方法。她的沟通能力就会一直停留在这个水平上。

事实上，由于沟通是每个人都会做的事情，一个人要在每个人都会做的事情上做到"出众"，就必须经历与多数人不一样的训练——有目标的刻意练习。

这种有目标的刻意练习，我称之为"做难题"，简单地说，就是要在生活和工作中，勇于面对甚至主动寻求各种与人沟通的困难情境，把它们当作一道道训练自己沟通能力的"难题"，从而提升自己的沟通能力。

要提升任何一种能力，就要做与那种能力相关的、有足够难度的练习。

这一点其实每个上过学的人都清楚。要想把数学学好，就得经常做数学题，而且题的难度要不断提升。否则一天到晚只做 1+1=2，数学能力也就只停留在 1+1=2 的水平。

在任何领域，衡量技能水平的方法，都是看这种技能能够解决多困难的问题。与人相关的软实力也一样。而要获得解决更加困难的问题的能力，唯一的出路，就是不断地找到足够困难的问题，并全力去解决它们。解决这些"难题"的过程，就是相关能力不断提升的过程。

在生活和工作中，很多人都会回避与不喜欢的人打交道。这种情形，从训练沟通能力的角度上看，是非常可惜的，因为每一次这样的回避，都会让自己失去一次训练自己的沟通能力的机会。

这是很多只在"好朋友"中生活的人，沟通能力难以得到提升的原因之一。

最后说一下这本书的风格和结构。

与我的第一本书《果敢力：始终做自己的艺术》不一样，这本书最大的特点，就是会表述我对软实力的很多直接的，有时候可能会被人质疑的观点。我视这些观点为自己在相关方面的洞察。它们源自我的思考，并在我为无数学员提供学习服务的过程中得到过验证——我与他们激烈地辩论过，也被他们无情地挑战过。因此，这些洞察与其说是我个人的观点，不如说是我与我服务过的学员共同的观点——他们中有热情创业的企业家，有高级别的管理者，有人力资源管理方面的专业人士，有不同级别的经理，也有普通员工和刚入职场的毕业生。我有幸为他们提供学习服务，并从他们的思想中学到很多。这是我这份职业的幸运。

这本书的结构很简单，就是对相关的软实力逐一进行介绍。在介绍中，对每种能力的介绍并不会遵循一个统一的模板，而是会根据每种能力的特点选择不同的侧重点。

最后我想说明的是，与大众了解的自然科学不一样，软实力领域少有具象的标准答案，像多数社会科学学科一样，它只能提供一些理念、原则和基本方法。因此，在我列举的各种例子中所描述的具体的方法，比如一个人与人沟通的"话术"，并非标准答案，而可能只是无数个具体方法的一个表象而已。当然，这个具象背后所体现的原则、理念和规律性的东西，与各种"标准答案"一样，应该是一致的。

希望你喜欢这本书。

# 软实力是职业高度和个人幸福之力

如果时光倒回到我的职业生涯初期，我绝对会对这个标题嗤之以鼻。当年的我，认为"硬本事"才是制胜一切的法宝。正因如此，我觉得几乎每个身居高位的人都没什么"硬本事"。比如我会觉得上级英文不好、打字速度也慢，更高级别的人甚至连英文都不懂，更不用说熟练使用电脑了。当然，他们干其他各种事的能力也不行。在我眼中，那些人似乎就只会做两件事：**一是与人握手，二是在各种场合发言——当然，他们还常常把这两者在一个场景中合并完成，那就是开会。**

但他们却享受着很好的待遇，做很多在我看来是很愚蠢的决定，左右着我们这些底层员工的命运。而几乎所有真正的"活儿"，都是我们这些底层员工干的，功劳呢，却都记在他们头上。

所有这些，都让我更加相信"硬本事"的力量，让我深信社会终有一天会做出改变，不会让那些"不干活儿只讲话"的人长久地待在社会和组织的高位。

简而言之，我是在从"硬本事"的角度极度鄙视那些在职场中处于高位的人的状态中，完成自己第一段现在看来是无知的职业生涯的。

很显然，我的那种状态，一定是深受当年"学会数理化，走遍天下都不怕"的观念影响的结果。

直到我被现实打脸。

打脸的具体情形我就不多说了。在这里只讲讲打脸的结果，就是它让我不得不面对和接受这样的事实：职场中被提拔到更高位置的人，并不是那些只有很强"硬本事"的人，而是那些不仅有"硬本事"，而且进出上级办公室最多、善于与各种人打交道并将各种利益相关者管理得到位的人。

慢慢地，我还认识到，自己的上级哪怕在"硬本事"上都比我差，但有一点是一定比我强的，**那就是他赢得更高一级管理者甚至是整个公司认可和信任的能力**。这个如此简单的道理，却是我在身经无数职场困境后才真正明白的。其实想想它是多么简单啊：要是那些级别更高的管理者或者整个公司更加认可和信任我的话，上级的那个位置自然就会是我的了！

原来，赢得认可和信任不只取决于把各种具体的工作完成好的"硬本事"。这是我跌入首个职场低谷之后，才开始慢慢意识到的。

后来，我自己做了管理者，马上就遇到了很多自己原来难以理解的有意思的情况。就拿其中的一种情况来说吧：有时候工作中有一件具体的事，本来应该是员工去做的，但我作为管理者正好有针对那件事的"硬本事"，而且恰好还喜欢运用它，就很自然地代员工把事给做了。结果呢，员工并不认可我这种做法，因为他觉得自己体现价值的机会被剥夺了。

这一度让我十分苦恼。后来我才发现，很多时候，工作中类似这样的小事，常常能让一个新任管理者陷入困境。原因很简单，在他们还是普通员工的时候，工作中处理的大多是具体的任务，所使用的当然也是各种"硬本事"。但在成为管理者之后，如果他们还过于注重按原来的习惯，喜欢用"硬本事"把各项具体工作干完，就会出现我前面说的那种剥夺员工体现价值的机会的情形。

一个新任管理者"迷恋"处理具体事务的另一个原因，常常也是因为软实力的缺乏。比如他们还不会（有时甚至也不喜欢）高效地主持会议、激励员工、推动跨部门协作、处理各种冲突，以及有效管理比原来的上级更加挑剔的上级等。

**对软实力的需求，就是这样简单地随着一个人在职场阶梯中的上升而不**

断增加的。

一般地，一个人的位置越高，他需要用到软实力的地方就越多，需要使用软实力的强度也就越大。比如，一个公司的一把手，无论其所管理的公司大小如何，总要拥有自我赋能和激励员工的能力（**自驱力**）；无论多么艰难，总要保持目标感并全力以赴地追逐它们（**果敢力**）；无论情境如何复杂，总要慎思明辨，通过高质量的思考作出高品质的决策（**思辩力**）。

如果我们去考察一下那些在职场中从基层走到顶层的人的成长旅程，就会发现，他们在职场上不断上升的过程，就是一个越来越"务虚"或者说能力不断"软"化的过程。他们的硬实力不是消失了，而是需要"收藏"起来；与此同时，那些用于管理自己和影响他人的软实力，却需要更多地"显现"出来，而且变得越来越重要，最终甚至会成为他们成败的决定因素。

只要我们仔细观察，就会发现那些身居高位的人，从来都不把精力用于掌握一门"硬"技能上，他们更多需要做的，是**观察人、理解人、凝聚人、影响人**，是让人们接受他们对于事物规律的洞察和对宏观形势的把握，并愿意在他们的带领下，把他们基于想象力和判断力所形成的战略变成现实。

正因如此，我才会说，软实力是职业高度之力。

**软实力的强度就是我们职业生涯的高度。**

阿德勒说，人的一切烦恼皆源自人际关系。软实力是我们应对挑战的唯一选择。那些乐观、豁达、心胸宽广的幸福之人都是能够以合理视角看待人际关系并有效处理人际困境的高手。

把事情做好的硬实力能让我们收获独立和自信，而促进我们与他人建立相互依赖的良好关系的软实力能让我们更幸福。

**软实力也是个人幸福之力。**

# 调色盘：万千色彩之基

取《职场软实力调色盘——放大职场价值的艺术》这样一个名字，是为了强调几项在职场上有利于放大个人价值的、最根本的软实力。这些软实力初看上去十分基础，却像武术中的"马步"一样，决定着其他更高阶软实力的生成。它们就像画家的调色盘，既是画家作画不可或缺的基础性工具，也是画家作品中万千色彩的源泉。

接下来，我要解释一下，为什么我会把本书涉及的四种软实力比喻成"职场软实力调色盘"，以及它们为什么能够帮助我们在职场中放大自己的价值。

先说**性格成长力**。相信每一个人都赞同，个人成长是赢得职场机会的基石。基于这个基本前提，一个人如何在职场中让自己持续高效地成长，就变得极为重要。如果我们认真观察就会发现，"性格"在一个人的成长过程中占有重要的地位。比如，有的人会说："我不适合做这份工作，因为那不符合我的性格。"但也有人会说："我只要努力，就能够提升相关的能力，就能做好这份工作。性格只会影响我学习的效率，而我的一些性格优势，还会让我学得更快更好。"不同的人，就是这样不同地看待性格的。前者将性格作为拒绝成长的借口，而后者则将性格作为成长的资源。显然，要想把性格作为成长的资源，就需要深入地了解它，丰富自己的学习风格和方式，进而"扬长补短"地让自己高效持续地成长。

正因如此，我才会把性格成长力比作职场软实力调色盘的那个"盘"：它是画家调色的基础工具，是支撑我们其他软实力成长的基石。

在这个软实力的调色盘里，最先进入的应该是哪一项软实力呢？我的答案是用好时间的能力，即时间影响力。其中的道理很简单：时间是我们最重要的资源，是"终极货币"（ultimate currency——这是我在一家客户的领导力主题中看到的）。用好它，并将其作为影响他人的输入和输出来看待，就是放大我们职场价值的第一步。

也许有人会觉得**时间影响力**这个名称只是我追求新鲜感杜撰出来的，但其实它融入了我对时间的一些个人理解。

在生命中，什么对人的影响最大？我的答案是：时间。时间的本质就是生命，是我们最宝贵的资源。比如，我们遇到不快时会说"时间是最好的良药"，这就说明了时间对我们有着强大的影响力。显然，那些很快就能从负面情绪中恢复的人，就是运用时间影响自己的高手。

时间也是影响他人的关键资源。在需要协作的工作环境里，每个人运用时间影响他人的情形随处可见。别人请你完成一项工作，需要占用你的时间，同时也节约了他的时间。有的人用好了这种关联，就"增加"了自己的时间，而另一些人则在这种互动影响中"减少"了自己的时间。此外，为工作设定一个时间段，明确一个截止点（deadline）并坚守它，对参与者的行为就能产生强有力的影响。

把"接下来我只讲五分钟"当开场白而最终讲了一个小时还不自知的领导，大多没有时间概念，也不会运用时间影响人。时间不只是规划和对任务轻重缓急的简单判断，更是一种影响自己和协作者的最重要的资源和工具。

在用好时间影响自己和他人之后，接下来要做的自然就是沟通和协调了。事实上，没有沟通和协调作为桥梁，我们也无法用时间作为输入去影响他人，去获得以时间输出为基础的资源。

我们为什么需要**沟通协调力**？首先是因为沟通是我们作为社会性动物的生存方式，离开沟通，我们是没法活下去的。

我在本书中所说的沟通是广义的，它既包含人与人之间的沟通，也涉及每个人都离不开的自我沟通。事实上，我们对自己想法的理解，都必须通过沟通来实现。我们在清醒的时候，几乎无时不在与自己进行着沟通。这种沟通，不仅用于自我理解，还用于与他人的协调——它规范着我们的言行。

显然，没有与他人的沟通协调，我们就无法获得想要的资源，而自己取得的成绩，也难以获得他人的认可，自然也无法放大自己的职场价值。

**沟通协调力**，是我们自我沟通、自我协调，并通过与他人互动获取资源和赢得他人认可的关键技能。

无论是在职场中还是在生活里，当我们承担责任到了一定程度的时候，比如当上了项目经理或者部门经理，甚至获得了更高的职位，或者在生活中成了家，我们就需要当众表达了。这时候，**当众表达力**就成了刚需。

当众表达力是如此重要，以至于有人会这样说："除了天才，没有任何一种才艺比当众表达更重要。"一个人在职场的阶梯上每向上攀登一个台阶，都会更加认同这句话。有哪个领导者不需要当众表达？有哪个员工不希望自己的领导擅长当众表达，并在表达时充满热情、给人力量？

了解性格会让我们成长得更快更好，掌控时间会让我们更加高效，出色的沟通协调会帮助我们获取资源和赢得他人的认可，而当众表达则可以让我们的影响力传播得更深更远……所有这一切，就构成了软实力的调色盘。有了这个"调色盘"，我们就能够"调出"各种更加高阶的软实力，并将其万千色彩融入职场和生活的点点滴滴。

**性格成长力**让人自觉，**时间影响力**使人高效，**沟通协调力**让人获得他人的认同，而**当众表达力**让人收获影响力——职场软实力调色盘就这样形成了。它们之间的关系还可以用图 0–2 来表示。

当我们能够用性格成长力把职场转化为成长的校园，然后高效利用自己的全部工作时间"把活儿干好"，在此基础上通过沟通协调"让人知道"自己的成绩，并能够以当众表达的方式"放大效果"时，我们的职场价值就逐步得到了放大。显然，这种放大是在调色盘中所包含的全部软实力的共同作用

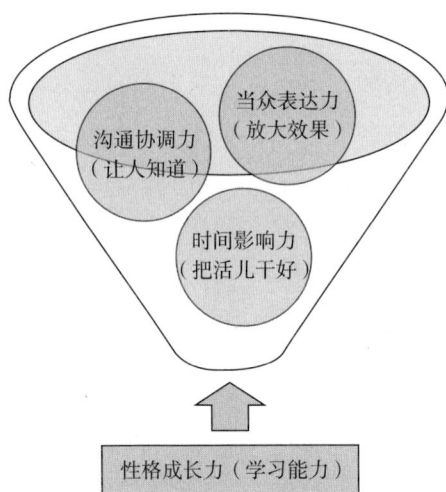

图 0-2　职场软实力调色盘示意图

下和相互作用下实现的。

　　也许有人会认为这几项软实力太过基础，而且这些软实力中的大部分在我们进入职场后不久，甚至在离开学校之前，我们就已经接受过相关的学习，并能够记得与这些能力相关的理论、模型和工具，因此不值得再为它们付出更多的努力。我只能为持有这些想法的人感到可惜。如果一个人对 MBTI 性格倾向的了解仅仅停留在可以用它给人贴标签，解释自己和他人的言行；对时间的理解仅仅是知道分清事情轻重缓急的"艾森豪威尔矩阵"；对沟通的理解只停留于表达和倾听；对当众表达的理解只要求念完稿件……那么，他学习再多新的东西，也只是对内容的堆砌。

　　每一项软实力都需要我们持续地修炼。那些最核心的底层软实力，更要如此。

　　当然，尽管我把这几项软实力组合在一起，将其称作职场软实力调色盘，但这并不意味着这几项能力是一个人在职场上放大价值赢得成功的全部软实力。只是，它们是其他软实力的基石。当一个人拥有这几项核心软实力后，他就可以以它们为基础，发展出在不同层级上需要的各种具象软实力，比如更高级的果敢力、自驱力和思辩力，还有带领他人和凝聚团队的领导力、影响力、战略思考的能力、引领变革的能力、成为他人的教练或导师的能力等。

这本书将聚焦于介绍组成职场软实力调色盘的几项最重要的放大职场价值的核心软实力。在这几项软实力方面，我本人受益良多。比如，在刚刚被认证为MBTI施测师时，我其实并未领会到了解性格的真正价值。后来，通过将MBTI应用于领导力发展项目中，并在授课中不断与学员探讨，我才意识到并总结"性格是用来被驾驭的，不是用来作为拒绝改变的理由的"这一对成长极具价值的结论，进而将MBTI性格倾向与学习偏好关联起来，作为强化学习效果和丰富学习偏好的强大工具。这也是我将其称作性格成长力的根本原因之一。

由于个人经历的缘故，我对时间是很有紧迫感的。但在没有深入全面地理解时间的内涵，没有建立关于时间的"上帝视角"，尤其没有注意到一个人一旦身处团队协作的工作情境，他的时间就会成为一个"变量"时，我对时间的运用依然是不够好的。在我开发了"创新时间管理"和"优先级管理及有效沟通"等课程，并拥有足够的教学和应用经验后，我才发现"P-W-T"模型和自己提出的"十字互动论"对时间运用的极高价值，并决定使用"时间影响力"这个名称来阐述与时间相关的话题。

我曾经是一个思维上"黑白分明"的工程师，拥有极强的理工直男思维。那时的我看不到与人沟通的价值，同时也从来不认为自己在沟通上有需要提升的地方——有什么话是我听不懂的吗？又有什么东西是我讲不清的？我认为既然自己在这些方面都没有问题，那么沟通也就没有问题。但在我经历职场挫折，并终于发现领导更容易看到那些主动汇报者的成绩，更信任那些与自己频繁沟通的人，而且后来我自己也成为那样的领导之后，我才深刻领会到沟通的博大精深——它是我们生存、生活的基本形式，也是我们走向成功的重要支撑。

我的第一次当众表达发生在我以内部竞聘的方式去申请公司首席运营官（Chief Operating Officer，COO）时。在那之前，我从来都没有正式当众讲过话，也没受过任何的演讲训练。好在当时我已经对沟通有了些意识，在正式当众讲解我的竞聘方案之前，已与相关人员做了相当充分的沟通。因此，尽管在当众讲解自己的方案时，我诚惶诚恐、满头大汗，最终还是在职场上第一次以积极主动的沟通和勉强可以接受的当众表达，赢得了自己的第一个管理岗位——公司的 COO。我的职场价值第一次得到了放大。

在因为偶然的机会成为一名领导力和软实力训练服务生之前，我从来没有将自己在这些能力上的成长上升到有意识的程度。我当然能够看到自己被认可，并获得了不同的职场机会，我也知道自己在努力，但我不清楚是哪些能力在起作用。通过为不同企业的优秀人才（在当下及未来的一段时间里，也仍然只有优秀的人才才会有机会接受高品质的领导力和软实力训练）提供领导力和软实力训练服务，我对什么样的软实力能够帮助一个人放大职场价值有了清晰的了解。在过去 18 年为企业提供领导力和软实力专业训练服务的过程中，我经常能够清楚地看到，拥有出色软实力的人是如何让自己的职场价值得以放大、赢得机会、收获成功的。与此同时，我也清楚地看到很多人因缺乏软实力，尤其是这几项被我纳入职场软实力调色盘的能力而面临挑战。我衷心希望越来越多的朋友能够尽早地、有意识地训练自己的这些能力，从而更有效地应对工作和生活中的各种挑战，让自己的职业生涯更加顺利、让自己的生活更加幸福。

# 第 1 篇　性格成长力

# 第 2 篇　时间影响力

# 第 3 篇 沟通协调力

# 第 4 篇   当众表达力

# PERSONALITY

第 1 篇

## 性格成长力

性格决定命运。

——谚语

# 第 1 章　性格与能力

性格不是能力，能力体现的是一个人驾驭性格的程度。

从本质上讲，能力决定命运，但性格会影响能力的习得效率，因此，从这个意义上讲，性格决定命运。

## 1.1　性格与能力的不同特征

要说明性格与成长的关系，我们有必要先对两个概念进行明确和区分，这两个概念是性格和能力。

性格可以说是一个众说纷纭的概念，每个人都在以自己对这个词的理解而使用它。事实上，即使在心理学领域，对性格似乎也没有完全一致的定义。比如，在我写到这里时，我查询了一下百度百科，它当时的文字是这样的：

性格是一个人对现实的稳定的态度，以及与这种态度相应的、习惯化了的行为方式中表现出来的人格特征。性格一经形成便比较稳定，但是并非一成不变，而是可塑的。性格不同于气质，它更多体现了人格的社会属性，个体之间的人格差异的核心是性格的差异。

而《牛津英语词典》对性格则有如下定义和举例：性格是指一个人由特征与品质结合形成的独特品格，如"她的阳光般的性格非常有吸引力"。（Personality is the combination of characteristics or qualities that form an individual's distinctive character. "She had a sunny personality that was very engaging."）

当然，还有其他各种定义和理解。在这里我就不再引用或介绍这方面的内容了。为了能够继续谈论这个话题，我需要选择一个流派，确定一个视角——同时也对所选视角的局限性保持警惕。只有如此，我们方能就这个话题进行深入的探讨，避免最终流于对各种流派或视角的简单列举。

我选择的流派就是那个被广泛用于人才发展的、一度在网络上十分流行的 MBTI 性格工具。它也是我在过去十多年中最经常运用的一个用于支持学员能力发展的工具。多年前，应一家跨国公司客户的要求，我参加了 MBTI 的相关认证并获得了相应的施测资格。最重要的是，在后来的应用中，来自学员的反馈和挑战，加深了我对它在应用层面上的理解。

MBTI 的英文全称是 Myers Briggs Type Indicator，是由美国母女凯瑟琳・C. 布里格斯（Katherine C Briggs）和伊莎贝尔・布里格斯・迈尔斯（Isabel Briggs Myers）以瑞士心理学家卡尔・荣格（Carl Jung）的性格理论为基础，共同研制开发的。

她们制作这个工具的理论依据是卡尔・荣格在 1921 年出版的《心理类型》。母女俩平生热爱严谨地观察不同的人在性格上的差异。她们钻研并阐释卡尔・荣格的理论，并借助这些理论去了解身边的人，最终她们成功开发出了 MBTI 这个性格工具。

卡尔・荣格在《心理类型》一书中指出，性格是天生的，因而他描述性格的"倾向"是"与生俱来的"。荣格相信，我们的性格倾向终其一生都不会改变。

卡尔・荣格关于性格的这个假设，与我们的谚语"江山易改，本性难移"是一致的。因此，我们也可以把卡尔・荣格理论中的"性格"，当作我们谚语中的"本性"来理解。

简单地说，性格的特征之一，就是它是先天的、不变的。

对于能力，我们一般都会认同它是后天的，是可以习得的，尽管有些能力的习得是有难度的。

因此，相对应地，能力的特征之一，就是它是后天的、可变的。

关于性格与能力的不同特征，我只强调这一点：性格由先天决定，而能力受后天影响。我基于这一点来讨论两者的关系，进而说明为什么性格与成长是高度相关的。

## 1.2 性格还是能力

每一次为一种能力贴上性格的"标签",我们都是在为自己拒绝习得这种能力找借口。如此一来,性格,就成了我们心安理得地拒绝改变的挡箭牌。

现在,请你找到一支笔,在一张纸上,或者直接在书的这一页上,把你平时描述性格的一些关键词写下来。你会写些什么呢?

在我的课堂上,对于上面的问题,学员们会写出很多不同的答案,比如"热情""开朗""温和""外向""内向""泼辣""坚强""大方""刻薄""小心眼"等。

在你写下自己的答案后,如果我请你基于前面我们对性格与能力的异同的理解,给你写下的那些关键词贴上"性格"或"能力"的标签,结果会是怎么样的呢?

在使用"性格"和"能力"标签时,一定要记住"性格是天生的"而"能力是后天的"这个最基本的区别,如果混淆这一点这个练习将毫无意义。

如果你严格按上面的要求去给自己写下的关键词贴"性格"或"能力"的标签,你会发现,对于绝大多数你原来用于形容性格的关键词,都可以贴上"能力"的标签。

举个例子,"泼辣"是人们常常用来形容性格的一个词,但"泼辣"应该是可以学会的。比如一个原来温柔害羞的女生,在陷入困境时,尤其是在必须以"泼辣"的方式才能达到自己的目的时,也会做出很"泼辣"的举动来。记得几年前,有一位女生购买了某名牌汽车,因质量问题投诉到 4S 店,但 4S 店一直未给出合理的解决方案。最后她就采用了一个与平时温柔、害羞、讲理的形象很不一样的"泼辣"手段,直接坐到汽车引擎盖上,边哭闹边说自己"斯文扫地",以引起 4S 店甚至媒体和公众的关注。这一例子说明,"泼辣"是可以习得的,我们应该给它贴上"能力"的标签。当然,对于一个有着"内倾"性格的人,习得"泼辣"这一能力可能难度会大一些,需要的时间也会长一些。关于这一点，我会在接下来的章节中继续讨论。

其实，即使是"内向"和"外向"这样可以称得上"经典"的形容性格的关键词，也都可以贴上"能力"的标签。关于这一点，我们可以很容易地从生活中看到实例：一个平日很内向的人，在一定的场合可以表现得很外向。这一现象在很多老师身上表现得很明显——他们在课下时，表现得很内向，少与人说话，总喜欢独处、沉思，但一到课堂上，他们就有说不完的话，让学生觉得"啰嗦"。在他们表现得"啰嗦"时，很明显，他们的表现是"外向"的。与此相反，一个很爱与人说笑、喜欢参与社交活动、对外部世界拥有广泛兴趣的"外向"的人，在进入一个拘谨的情境中时，比如一个爱说爱笑、大大咧咧的男生，在第一次跟着女友去见未来的岳父母时，就很有可能表现得很"内向"。

从这些现象中，我们不难看出，绝大多数人是可以根据情境表现得"外向"或"内向"的。从这个意义上讲，"外向"和"内向"也是可以习得的，它们也是一种能力。

在荣格的理论体系中，荣格所提出的性格倾向与能力没有关系。他认为，性格只是一种天生的"倾向"或"偏好"，就像我们使用手的"倾向"或"偏好"一样——我们是"左撇子"还是"右撇子"，这种用手的"倾向"或"偏好"，就不是后天培养出来的，而是与生俱来的。

只是我们从来都不会比谁更像"左撇子"，而是比自己的手所具备的能力。在左右手上，"左"和"右"就是它们的"性格"，而两只手的各种技能，如写字、打球、绘画等，就是能力。

区分性格与能力，是了解自己的性格并将它作为自己成长的资源的最重要的基石。如果不能区分，我们很可能就把性格当作能力，并因此给自己拒绝成长找到很多借口。

最后开个玩笑。在正确理解了性格与能力的关系后，人们应该就不会以性格作为自己无法应对某种情境的理由了。比如，离婚的原因就不能说是"性格不合"，而需要承认是双方的相处能力不足了。事实上，一旦婚姻双方都开启这样的思维方式，我觉得离婚的概率都会变低一些。因为这个思维方式会改变人们的归因方式，并因此提供用能力改变天生注定的"性格不合"这种情境的可能性。正因如此，那些真正优秀的人才会说："我命由我，不由天。"

当然，你读到这里也可能会觉得我是在强词夺理，因为照这样的逻辑推理下去，任何一个用于描述性格的关键词都可以是一个描述能力的关键词。那么，描述性格的词汇到底是什么样的呢？它们与这些我们平时用于描述性格现在却被我说成是描述能力的词汇是什么关系呢？

接下来我会通过 MBTI 来回答这些问题。但到目前为止，相信你已经看到了性格与能力的关系，现实是形容它们的词汇甚至到了混用的程度——正因如此，性格才会深深地影响一个人的能力发展。把性格用好了，性格才会成为一个人成长的资源。

# 第 2 章 MBTI 性格工具

## 2.1 极简介绍

由于人们初接触 MBTI 时会觉得它比较复杂，所以我先把自己总结出来的、最方便记忆的"极简介绍"拿出来，之后再对它做更详细的介绍。

我最喜欢用双手来类比 MBTI 提到的四个维度。

按我的理解，在 MBTI 构建的性格模型里，我们每个人生来就有四双有不同功能的"手"，它们分别代表能量、信息、决定和生活方式。

同时，我是用这样的逻辑来将它们串联起来的：**能量**是一个人活着的基础，而人活着就免不了要处理各种**信息**，处理信息是为了做出合适的**决定**，以获得自己想要的**生活方式**。用这样一个逻辑，我永远也不会忘记 MBTI 的四个维度。

事实上，当我看到 MBTI 的四个维度是如何被这条逻辑线串连时，就对它对于个人成长的价值确信无疑了，因为它已经涉及了一个人在世界上生存的关键能力：获得**能量**——处理**信息**——做出**决定**——如何**生活**（方式）。

有了这个逻辑基础，我就可以对 MBTI 做以下极简说明了。

（1）一个人要想活着就得有"能量"，就需要拥有一双"能量之手"。在这双手中，有一只会被贴上"倾向"标签，用来说明这个人更喜欢用这只"手"。"能量之手"所对应的两个标签分别是 E（Extrovert）和 I（Introvert）。在 MBTI 的术语中，E 和 I 被称为"倾向"。接下来为了统一起见，我将在英文字母后加上"倾向"二字，把 E 称为"E 倾向"，把 I 称为"I 倾向"。其他三个维度也沿用此标准。

我们每个人拥有的这双"能量之手"虽然生下来就是一只被贴上一个"倾向"标签，而另一只没有被贴上"倾向"标签，但这"另一只"并非不存在。这就像一个"左撇子"也有右手一样。

E 倾向和 I 倾向这两个标签分别代表不同的含义，以及在它们所对应的"手"上能够发展的能力：E 倾向代表一个人更喜欢从与外部世界的互动中获取能量，与之相关的能力包括快速与他人建立连接、喜欢广度甚于深度等；而 I 倾向则代表一个人更喜欢从与自己的内心世界的互动中获取能量，与之相关的能力包括更了解自己的内心、喜欢深度胜过广度等。

既然是"极简介绍"，我就先说这么多，也先不提及相应英文单词的中文意思。事实上，中文意思甚至相关的英文单词本身的含义并不重要。这一点，我会在后面的详细介绍中进行说明。

（2）一个人有了"能量"后，就需要与这个世界互动，因此需要拥有一双"信息之手"。在这双"手"中，有一只会被贴上"倾向"标签，用来说明他更愿意用这只"手"。这双手所对应的两个标签分别是 S 倾向（Sensing）和 N 倾向（iNtuition——为了与能量维度中的 I 倾向进行区分，这里没有取英文单词的首字母）：S 倾向代表一个人更注重细节和当下，与之相关的能力包括认真仔细、注重现实等；而 N 倾向则代表一个人更喜欢抽象和未来可能性，与之相关的能力包括抽象归纳、理论关联等。

（3）一个人在对信息进行处理之后，就需要做出运用或应对信息的决定，因此需要拥有一双"决定之手"。在这双"手"中，有一只会被贴上"倾向"标签，用来说明他更偏好使用这只"手"，这双手所对应的两个标签分别是 T（Thinking）倾向和 F（Feeling）倾向：T 倾向代表一个人更喜欢就事论事，以旁观者的角度根据所认可的原则做出决定，与之相关的能力包括理性分析、注重逻辑等；而 F 倾向则代表一个人在做决定时，更愿意把自己置于情境中并以价值观作为基础，与之相关的能力是共情、体谅他人等。

（4）一个人运用"能量"处理"信息"并做出"决定"，最终是为了获得自己想要的"生活方式"。因此他也会有第四双"手"——"生活方式之手"。在这双手上也会有两个"倾向"标签，分别是 J（Judging）倾向和 P（Perceiving）倾向：J 倾向代表一个人更偏好按计划做事，与之相关的能力包括规划、控制等；而 P 倾向则代表一个人更喜欢随遇而安地生活和做事，与之相关的能力包括应变、灵活等。

以上这四个维度（能量 E-I、信息 S-N、决定 T-F、生活方式 J-P）、八种倾向（每个维度上各有两种倾向）进行组合后，就会形成 16 种不同的性格类型，比如 ESTJ、INFP、ESFP 等。MBTI 的 16 种性格类型如表 2-1 所示。

表 2-1　MBTI 的 16 种性格类型

| ISTJ | ISFJ | INFJ | INTJ |
|------|------|------|------|
| ISTP | ISFP | INFP | INTP |
| ESTP | ESFP | ENFP | ENTP |
| ESTJ | ESFJ | ENFJ | ENTJ |

为了帮助人们理解每种性格类型的特征，在对某种性格的"特性"的描述中，一般都只指出某种性格只使用与之对应的四双"手"中完全符合每个倾向的情形。比如，对于 ESTJ 性格特征的描述，就是拥有这种性格类型的人在做事时只用了"能量之手"的 E 上的能力，比如"喜欢与人打交道"；"信息之手"的 S 上的能力，比如"注重细节"；"决定之手"的 T 上的能力，比如"按规定做事"；"生活方式"之手的 J 上的能力，比如"井井有条"。综合下来，拥有 ESTJ 性格类型的人"喜欢与人打交道，注重细节并按规定做事，把生活和工作安排得井井有条"。正因如此，在 MBTI 领域，对 ESTJ 性格类型的人，有一句描述就是"生活的管理者"（life's administrator）。

需要注意的是，这种描述事实上只是"陈述"每种倾向"标签"所对应的"纯粹"能力，并假定这些能力是单一的，是完全顺应各自的偏好发展的。与此同时，每个维度上相对应的能力都没有得到任何发展。下面举例说明。

一个纯粹的 ESTJ 性格类型（只表现出这四种倾向上的能力）的人在开会时，常常会有如下表现。

- 轻易表达自己的观点，并在与他人的互动中不断深化它，或者获得更多的观点，而且互动越多越兴奋。这是因为他在"能量之手"上，只用了与标有"E倾向"完全一致的方法，而没有用到任何来自"I之手"的方法。比如独自思考，在自己的思想领域里不断打磨观点；当别人提出不同想法时，会在听到后独自对其进行深入分析……

- 在讲解自己准备的PPT时，更喜欢把每张片子中的具体信息逐一呈现，而且喜欢提供更多的细节。这是因为他只用了"信息之手"上的那只"S之手"，而且所用的方法也是与"S倾向"完全一致的。

- 在看到一个人在会议中出错时，在没有压力和风险的前提下，更愿意直接指出来，而可能忽略他人的感受。这是因为他只用了"决定之手"上的那只"T之手"，而且所用的方法，也与"T倾向"是一致的。

- 开会时喜欢按既定议程进行，不喜欢中间突然增加主题或有变化。显然，这是因为他只用了"生活方式之手"上的那只"J之手"，而且所用的方法也是与"J倾向"完全一致。

## 2.2 更多解读

在卡尔·荣格提出的理论中，性格首先被定义为一种倾向。他在《性格类型》一书中提出了性格的三个维度，每个维度分别对应两个倾向。这三个维度及其所对应的倾向分别为：能量维度的E倾向和I倾向，信息维度的S倾向和N倾向，决定维度的T倾向和F倾向。凯瑟琳·C.布里格斯和伊莎贝尔·布里格斯·迈尔斯母女俩在开发MBTI工具时，又提出了生活方式维度及其两个倾向，分别是J倾向和P倾向。

这样一来，MBTI就有了四个维度、八个倾向。

为了理解"倾向"这个概念，最好的比方莫过于形容我们用手偏好的"左"和"右"了。我们说一个人是"左撇子"时，形容的只是这个人用手的一个偏好或倾向，与他使用手上的何种能力，如举重、写字、切菜、把握球拍等没有任何关系。当然，"左撇子"和"右撇子"是各有特点的。据有些研究，"左撇子"更擅长形象思维，而"右撇子"则更擅长逻辑思维。对于"左撇子"和"右撇子"的这些描述，都可以借用到荣格的理论体系中去，只是在荣格的性格理论中，不同倾向的特点更加明显，而且各自对应的能力是相互对立的，而不是交叉的（关于这一点，我将在后面的章节中做进一步说明）。

此外，由于 MBTI 的每个维度上的两个倾向是对立的，并对应着"相互对立、没有交叉"的能力，比如，根据 S 倾向和 N 倾向是对立的，在 S 倾向上可以发展的能力如注重细节、活在当下，与在 N 倾向上可以发展的能力如注重整体、活在未来，也是对立的，我们就可以将那些能够在 S 倾向上发展的能力称为"S 能力"，而将那些能够在 N 倾向上发展的能力称为"N 能力"。对于每个维度上的两个对立倾向，我们都做这样的处理，以利于我们后边的讨论。

接下来，我将以此为基础，用自己的方式，逐个介绍 MBTI 的四个维度和八个倾向。

第一个维度是关于能量的。正如前面所言，这个维度的价值可以这样来理解：一个人要想活着，需要有"能量"作为基础。

荣格指出，能量来源于每个人所生活的两个世界：一个是由思想之外的万物组成的"外部世界"，另一个则是由自己的思想形成的"内心世界"。如果个体偏好从外部世界获得能量，那他在这个维度上的倾向就是 Extrovert（用 E 代表，MBTI 官方中译文为"外倾"，我在本书中称之为"E 倾向"，并将建立在这个倾向上的能力称为"E 能力"）。如果一个人偏好从自己思想形成的内心世界获得能量，那他在这个维度上的倾向就是 Introvert（用 I 代表，MBTI 官方中译文为"内倾"，我在本书中称之为"I 倾向"，并将建立在这个倾向上的能力称为"I 能力"）。

举个例子来说明一下这两个倾向的含义。在职场中，有时我们需要给陌生人打电话。在这种情境中，一个纯粹的 I 倾向的人，由于只拥有 I 能力而缺乏 E 能力，因此内心更希望不打这个电话或者推迟打。如果这个电话是领导要求自己打的，自己"不得已"拨打了电话，但在内心却有一种"最好没人接"的渴望。而如果是一个纯粹的 E 倾向的人，在遇到同样的情境时，结果却是完全相反的：由于他正好拥有建立在 E 倾向上的 E 能力，因此不仅会毫不犹豫地拨打电话，还会真心期望对方能够接听。

特别说明一下，我在这个及之后的例子中会特别加上"纯粹"二字。其含义是拥有某个性格倾向的人，只使用与该倾向一致的能力，而不使用与该倾向对立的能力。在上例中，纯粹的 E 倾向的人，只使用在 E 倾向上的 E 能力，不使用他也可能具备的 I 倾向上的 I 能力；反之亦然。

这个说明十分重要，因为它是避免掉入运用 MBTI 的最常见陷阱的根本。无数人在使用 MBTI 时，习惯并局限于给人贴上性格标签，并认定一个人只拥有并使用与其性格倾向一致的能力，这是非常错误的。

让我们继续。

荣格提出的性格方面的第二个维度是关于信息的。在我看来，这个维度与能量维度的关系可以这样来解释：一个人有了能量之后，每天都需要处理各种信息，因此在处理信息方面也会有自己的倾向。

荣格认为，有的人在处理信息时倾向于关注细节和事实，他把这种在信息维度上的倾向称之为 Sensing（用 S 代表，MBTI 官方中译文为"实感"，我在本书中称之为"S 倾向"，并将建立在这个倾向上的能力称为"S 能力"）；与之对立的另一个倾向则是在处理信息时，更加关注信息之间的关联、背后的意义等，荣格称之为 iNtuition（用 N 代表，MBTI 官方中译文为"直觉"，我在本书中称之为"N 倾向"，并将建立在这个倾向上的能力称为"N 能力"）。也就是说，在"信息"这个维度上，一个人也会拥有两个对立的倾向中的一个：要么是 S 倾向，要么是 N 倾向。

拿上学记笔记来举个例子。一个纯粹的 S 倾向的人在上课做笔记时，常常用注重细节的 S 能力把笔记记得很细致、工整。我有一个负责人才发展的客户朋友，她的 S 能力（她后来告诉我，她在性格上是 S 倾向的）很强。有一次我看她参加培训的笔记简直被惊呆了，因为那个笔记工整细致得像印刷出来的书一样。但如果是一个纯粹的 N 倾向的人，上同样的课，她就会运用自己的 N 能力做笔记，这种笔记常常会显得很抽象，上面可能只有一些关键词，以及在这些关键词之间的连线、箭头等，甚至会给人"乱涂乱画"的感觉。这种笔记常常只有做笔记的人才能读懂。

设想一下，一个人有了能量处理信息，之后，自然就是要做出决定了。可能正是沿用这个逻辑，荣格认为，我们的性格中还有第三个维度，就是做出决定的偏好或倾向。这组在决定维度上的两个对立的倾向分别是 Thinking（用 T 代表，MBTI 官方中译文为"思考"，我在本书中称之为"T 倾向"，并将建立在这个倾向上的能力称为"T 能力"）和 Feeling（用 F 代表，MBTI 官方中译文为"情感"，我在本书中称之为"F 倾向"，并将建立在这个倾向上的能力称为"F 能力"）。T 倾向的人更愿意以第三人的视角，客观冷静地做出决定；而 F 倾向的人则更偏好把自己代入进去，以价值观为导向做出决定。

举个例子。当一个人在家时，遇到邻居家的孩子在弹钢琴，他需要就"是否去跟邻居说一声让孩子暂时别弹了"做出决定。如果这个人是纯粹的 T 倾向的性格，就会使用他的 T 能力，很自然坚定地去敲邻居的门，直接提醒邻居，告诉对方现在是休息时间，请孩子不要弹钢琴影响大家休息。而如果他是纯粹的 F 倾向的性格，他的 F 能力很可能让他在去之前产生犹豫，想着孩子也不容易，平时上学也找不到练习的时间，也许过一会儿就停止了。即使他最终可能会去敲邻居的门，他的提醒方式也会相对委婉。比如他会这样说："不好意思，我知道练琴对孩子很重要，但能不能注意一下，比如想办法控制一下音量，因为现在大家都在休息……"

性格方面的第四个维度是关于生活方式的。它是凯瑟琳和伊莎贝尔这对母女基于荣格的理论开发 MBTI 的过程中，创造性地提出来的，用来形容人对生活方式的偏好。也就是说，她们为我们的性格加了一双"生活方式之手"。她们把在这个维度上的两个对立倾向分别称为 Judging（用 J 代表，MBTI 官方中译文为"判断"，我在本书中称之为"J 倾向"，并将建立在这个倾向上的能力称为"J 能力"）和 Perceiving（用 P 代表，MBTI 官方中译文为"认知",我在本书中称之为"P倾向",并将建立在这个倾向上的能力称为"P能力")。J倾向的人更偏好计划性的、井井有条的生活方式,并在这些方面发展相关的J能力;而P倾向的人则更偏好随性的、随遇而安的生活方式,并在这些方面发展相关的P能力。比如,同样是外出旅行,如果出行者有纯粹的J倾向,他就会运用自己的J能力先做攻略和计划,而且在旅行中更喜欢按计划完成整个旅程;而如果他有纯粹的P倾向,则会用自己的P能力去实施"说走就走"的旅行,而且在整个过程中也不喜欢被计划约束。

MBTI的这四个维度、八个倾向在进行组合后,就会形成16种不同的性格类型,比如ESTJ、INFP、ESFP等(详见表2-1)。我们在MBTI官方资料中所读到的那些对各种性格特征的描述,实际上是指具有某种性格倾向的人只使用与该倾向一致的能力的情形。比如,对于ESTJ性格特征的描述,事实上说的是这种性格的人,在行为上只用了能量维度的E倾向上的E能力,信息维度的S倾向上的S能力,决定维度的T倾向上的T能力,以及生活方式维度的J倾向上的J能力。与此同时,所有与其性格倾向对立的能力,即I倾向、N倾向、F倾向和P倾向上所代表的I能力、N能力、F能力和P能力,都没有被使用。

我相信,有了这些描述,读者对MBTI最核心的概念就已经理解了。除非在学术上有爱好,我一般不建议任何人在概念上投入更多的精力。

接下来,我们将聚焦各种应用。

## 2.3　比能力,不比性格

"比能力,不比性格"这是MBTI的一个最基础的应用,也是我们讨论能力是如何在性格的不同倾向上发展的起点。

前面在讨论信息维度的S—N倾向时,我曾经以听课做笔记举例,来说明纯粹的S倾向的人所做的笔记有何特点,纯粹的N倾向的人所做的笔记又有何特点。这种"纯粹"的描述常常会让人觉得,一个人的性格倾向会决定他的能力,一个人只会具备和使用与其性格倾向相一致的能力。

我必须鲜明地指出，这种观点是非常错误的。

一个 N 倾向的人能不能发展出足够好的 S 能力，把笔记记得工整、细致，甚至达到像印刷品一样的程度呢？

回答是肯定的。一个 N 倾向的人，完全是能够把笔记记得工整、细致，甚至达到像印刷品一样的程度的，其质量也可以比一个 S 倾向的人更高。这取决于能力的差异，与性格无关。如果一个 N 倾向的人把笔记记得比另一个 S 倾向的人还要细致、工整，说明他发展并应用了逆自己的 N 倾向上的、在自己的那只没有贴标签却客观存在的"S 之手"上的 S 能力。

也就是说，S 倾向的人并不一定就比 N 倾向的人更细致，因为做到细致需要的是能力，而不是性格。这种能力既可以建立在一个人的性格倾向上（比如天生是 S 倾向的人），也可以建立在他的逆倾向上（比如天生是 N 倾向的人，其逆倾向则是 S 倾向）。

如果继续用双手打个比方，我们可以这样做：假设单手在手机上打字是只能在左手上发展的技能，而写毛笔字则只能用右手做到。张三是"左撇子"，李四是"右撇子"。在只能用左手做到的在手机上打字方面，"右撇子"李四是完全有可能做得比"左撇子"张三好的。而在只能用右手做的写毛笔字方面，"左撇子"张三的书法也是可以比天生更喜欢用右手的"右撇子"李四更好的。

这个类比，可以用图 2-1 来表示。

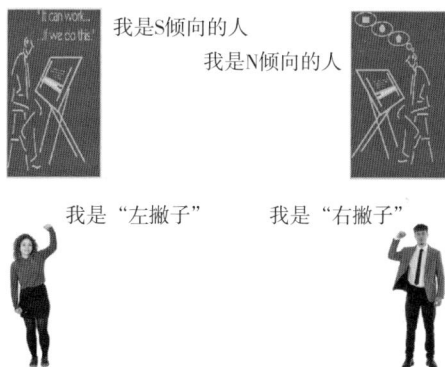

图 2-1　性格倾向与左右手的类比示意

可以这样理解图 2-1：我是"左撇子"，但也有右手；我是"右撇子"，但也有左手。我是 S 倾向的人，是因为我更喜欢用标有"S"的"手"，而我的另一边，也有一只未贴任何标签但可以发展"N 能力"的"手"；我是 N 倾向的人，除了有我偏好的标有"N"的"手"外，也有一只没有贴标签但可以发展"S 能力"的"手"。

正如我们从来不会对"左撇子"或"右撇子"进行比较，从来不说"你比我更'右撇子'"，或"我比你更'左撇子'"一样，我们也不会对性格倾向进行比较，我们不会说"你比我更'S'，我比你更'N'"。

性格不能比较，这一点很重要，因为它一方面可以帮助我们摆脱"天生如此"的宿命论，另一方面可以让我们不会因为天生的性格而拥有优越感或自卑感。我们需要做的，是了解性格对学习偏好和学习效率的影响，以便更好地提升自己的各项能力。

只有能力才有可比性。我们并不能说"你比我更'S'"，但可以说"你的 S 能力比我的 S 能力更强"。假设各种条件相似，对于某项 S 能力的学习也用了同样的时长，那么"你的 S 能力比我的 S 能力更强"这个事实所对应的性格分布，就可以用表 2-2 来描述。

表 2-2　性格倾向与学习效率的关系

| 事实（结论） | 你的性格倾向 | 我的性格倾向 | 能够得出的结论 |
| --- | --- | --- | --- |
| 经过同样的努力，你的 S 能力比我的强（假设在 10 分制中，你是 9 分，我是 7 分） | S 倾向 | S 倾向 | 你学习 S 能力的效率比我更高 |
| | S 倾向 | N 倾向 | |
| | N 倾向 | S 倾向 | |
| | N 倾向 | N 倾向 | |

从表 2-2 中，我们是看不到性格倾向对能力习得的影响的。要看到这种影响，我们必须把它局限在一个个体之内。比如上面的情形对我而言，性格倾向对能力习得的影响可以用表 2-3 加以描述。

表 2-3　性格倾向对能力习得的影响

| 事实（结论） | 我的性格倾向 | 时长 | 能够得出的结论 |
|---|---|---|---|
| 我的 S 能力达到了 10 分制的 7 分 | 如是 S 倾向 | 10 天 | 相对于我是 N 倾向的情形，我感觉更轻松、效率更高 |
| | 如是 N 倾向 | 10 天 | 相对于我是 S 倾向的情形，我要付出更多的努力，压力更大 |

如果 7 分就是我的天花板（天赋如此），即使我是 S 倾向的人，也可能永远也学不到你的 10 分的程度（10 分是你 S 能力的极限。而我在信息维度上既可能是 S 倾向的，也可能是 N 倾向的）。

正因为能比较的是能力，不是性格，所以一个人的成功与否不是先天注定的，而是后天努力的结果。让我们赢得机会和成功的是能力，而不是性格。

我们会说"你用左手写的字，比我用左手写的字好看多了"，也会说"虽然我是'左撇子'而你不是，但我用右手写的字，也比你用右手写的字好看"。转换成 MBTI 的语言，就是"S 倾向的你，细节做得比 S 倾向的我更好"，也可以是"虽然你是 N 倾向的，但你的 S 能力也就是处理细节的能力，比 S 倾向的我还要强"。

上面的这些内容，初读时可能会觉得拗口，但一旦理解其含义，将对我们理解性格与能力的关系有决定性的作用和价值。

## 2.4　性格变了吗

正如荣格所说，我们的性格"终其一生"也不会改变。

会改变的是我们的能力，还有使用能力的习惯。

在我们的日常生活中，很多人都会用"性格变了"来描述一个人的变化。最有意思的是，很多人还会用 MBTI 的问卷测试来"证明"自己的性格发生了改变。

按照荣格的理论，性格是"与生俱来"的，终其一生也不会改变。如果不引入能力的概念，并将其与性格进行对应和联合应用，人们行为模式的变化就只能由"性格变了"来解释了。比如，一个人原来一直是个沉默寡言的人，过了一段时间，尤其是经历过一些事件后，这个人突然变得多言多语；或者这个人原来一直很喜欢与人交往，后来却变得十分离群。在我们的习惯里，常常都会说这样的人发生了性格变化，或者直接说他"性情大变"。

问题是，一方面，我们说"江山易改，本性难移"；另一方面，我们又会在看到一个人的行为模式发生改变后，将这种变化说成"性格变了"。这种显而易见的矛盾，只能通过引入能力的概念来加以解释。

实际上，这是能力变了，或者使用能力的习惯变了，而不是性格变了。这种合乎情理的解释，不仅会让一切变得清晰，而且会减少人们对自己本性改变的担心。很多人在成长过程中，常常会担心做出改变就"不再是自己了"。

其实，在性格上，我们大可不必担心它会改变，让我们变得"不再是自己了"。当我们的行为模式发生改变时，其原因不是性格发生了变化，而是能力或者使用能力的习惯变了。

一个人的行为模式会受很多因素的影响，除了能力及应用习惯，环境的约束也是很重要的因素。比如，如果用 MBTI 语言来描述较低层级的政府办事员，他们常常会表现出纯粹的 ISTJ 行为模式：不苟言笑，关注细节，坚持原则，按流程办事。但从这些表现中并不能看出他们的性格类型来。事实上，他们完全可以表现出纯粹的 ENFP 行为模式：喜欢说笑，不关心细节，善于理解他人，而且做事随性。我们也可以用这样的一个比方来形容他们：进入 ISTJ 状态时，他们是去"办公室"了。在那个"办公室"里，他们需要使用 I 能力让自己少说话，用 S 能力让自己关注细节，用 T 能力来坚持原则，用 J 能力让行动符合流程。而在下班后，他们就可能回到自己本来的心理上的"家"——这个"家"既可以是 ENFP 行为模式，也可以是其他任何一种。但也许有一些人很少有放松和"由着性格"的时候，这些人就是那些很少能回到自己心理上的"家"的人了。他们的压力水平常常比那些了解自己性格并能够让自己"由着性格"休息的人更高一些。

我们与生俱来的性格类型就是我们心理上的"家"。但一个人不会一直在家里待着，或者到了其他地方也像在家里一样地"由着性格"说话做事。生活需要我们去不同的地方旅行，在 MBTI 的框架中，这种旅行就是一个人从自己的性格类型中走入其他类型，并按所进入的类型展现其行为模式。我们可以把这种旅行叫作心理上的"入乡随俗"。

写到这里，我不禁想到那些网络上的"大师"，他们总爱用自己所谓的"专业"知识，去告诉别人应该是什么性格类型。殊不知，"大师"们所观察到的他人的行为，本质上都是他们能力的表现，而哪些能力与他们的性格倾向一致，哪些却相反，"大师"们是无从知晓的。

事实上，如果一个人对自己的言行没有进行足够的观察和反思，他自己也很难弄清楚其言行所体现的能力到底是正好反映了自己的性格倾向，还是被逆性格倾向上的能力"驾驭"了。至于只通过向一个人提出一些类似于 MBTI 问卷上的问题，进而通过对方的答案来判断他就是何种性格类型，更是不靠谱的。这就像一个人回答 MBTI 问卷时一样，他完全可以根据自己的意图甚至是想象来回答。这正是 MBTI 测评在效度和信度上都受到质疑的重要原因。

这是 MBTI 不能作为面试工具和能力测评的缘由所在，我们也完全没有必要尝试通过多次"测评"来了解自己的性格类型。

## 2.5　不可信的"测评"

由于性格是"天生的""终其一生也不会改变的"，因此，了解性格是一个溯源的过程，对自己密切观察和反思才是正解。不要指望一份"问卷"或一个"大师"来告诉我们自己的性格到底是什么样的。

其实，无论是在效度（准确性）还是信度（一致性）上，MBTI 的测评工具一直都备受质疑，但这些质疑并没有影响到它应用的广泛性。

在我看来，所有这类关于"你是谁"的测评，都没有必要太看重测评本身的效度和信度。这类测评的价值不在于它们给出的答案，而在于它们设计的问题所推动的反思。

所有自测式问卷都是通过被试回答一系列的问题来完成的。显然，这种作答所报告的只是被试想报告的那个"自己"。所报告的那个"自己"可能是真实的，但也可能是被试想象出来的，或者是期望成为的。从这个意义上讲，最终的答案是由自己左右的。

由于这类测评是没有标准答案的，而且被试可能报告假想出来的答案，即使将一个人的测评结果，跟由众多历史被试的测评结果所形成的"标杆（Benchmark）"或"均值"进行比较，也没有多大的实质性意义。举个例子，假如有这样一个问题："你在做事时，是喜欢事先做好计划然后去实施，还是喜欢随意地跟着事情进展进行调整？"之前的被试的回答结果中有 90% 选择的是前者，但 90% 这个参考值并无意义。

由于这类测试不像自然科学的考试那样拥有一个相对标准的答案，其效度和信度就会成为问题。在这类反思类测评中，被试只是提供当时心中对那些问题的答案，它跟一个人在面试时回答面试官的问题，本质上是一回事。

尽管测评的效度和信度都不高，但正确使用合格的测评工具还是有意义的。

由于 MBTI 的测评问卷主要是通过被试回答问题或做出选择来完成的，这就从本质上为被试提供了反思自己的不同问题。虽然正式的 MBTI 测评中会提示被试在作答时"不用多想"，但在我看来，运用那个问卷最好的方法恰恰是对每个问题逐一进行反思。

我这样说的原因，在于既然性格是天生的，了解它就只能是一个溯源的过程。谁是追寻最初的自己的最佳人选呢？很显然，是他本人。因此，在了解基于荣格理论框架中的性格方面，我持这样一种观点：能够了解一个人的真实性格的只有他自己。

所以 MBTI 问卷的最大价值，就是通过提供一系列的问题帮助我们反思自己。事实上，如果你理解了 MBTI 的四个维度所代表的含义，是完全可以不依赖于任何测评，仅通过在四个维度上反思自己就能获得自己的 MBTI 性格类型的。

当然，了解自己的性格类型只是初级阶段，更高阶的，是通过对自己的观察，以更高的效率和更好的压力控制方式，训练自己在 MBTI 提供的四个维度和八个倾向上不断拓展自己的能力。

# 第 3 章　性格与成长的关系

## 3.1　用性格描述的发展愿景

了解自己，是为了更有效地成长为更好的自己，而不是为了简单地"接纳"自己，甚至拿"天生如此"作为自己拒绝成长和改变的挡箭牌。

用 MBTI 的语言描述的个人发展愿景，就是成为一个有能力"四海为家"的人。

很多人了解自己的性格是为了"接纳"自己。在这里我也想顺便说一下我对"接纳"的看法。是的，了解自己的性格的确多少会涉及"接纳"，尤其是在我们认同性格不是能力、性格不可比较、只有能力才有高低之分的理念之后，我们对自己性格的"接纳"就更容易了。但同很多词汇一样，"接纳"也是一个多少有些被滥用或误用的词汇。很多人甚至把"接纳"等同于"认命"，等同于放弃理想和追求："反正我就是这样一个人，算了吧。"因而他们就完全"放过了自己"。坦率地讲，我不赞同这样的"接纳"。在我看来，"接纳"自己不是认命了，也不是接受现状不作出改变。真正地"接纳"自己是为了更有效地成为更好的自己。这跟我们了解自己的性格类型的目标是一样的。了解自己不是接受"我就这样了"，而是认清自己当下或本来的状态，了解自己离理想和目标的差距，以及在追逐理想和目标的过程中，自己那些已经习惯的和需要做出的反应，进而更加有效地甚至是享受地去追逐理想和目标。

接纳自己是为了更有效地成为更好的自己。

根据 MBTI 的框架，我们每个人生来就拥有一个不变的性格类型。这就像我们每个人在生活中有一个家一样，我们的性格也有一个"家"。在这个"家"里，跟在日常生活中一样，我们依着自己的性格做事会让我们感到轻松，不容易累。但我们还是要走出家门的，要么去工作，要么去参加各种社交活动，而不同的场合，需要我们有不同的表现，就像我们在家可以穿着家居服，而在正式场合要穿正装一样。离开家到达相应的场合，我们就得用相应的能力去完成想要达成的目标。在不同的场合，我们的行为模式通常是不一样的。把这种情境类比到 MBTI 性格类型中去，最理想的状态是这样的：一个人知道自己性格类型的"家"，然后还有能力去另外 15 个性格类型的"家"中去生活，在其中的任何一个"家"里都能够自如地过得像那个"家"里的"原著民"一样。比如，一个 ISFP 性格的人，可以去一个 ENTJ 性格的人的"家"里，并且生活得就像他本来就"出生"在这个"家"里一样。

这就像生活中最高境界的旅行一样：到任何一个地方，都能够讲当地的方言，喜欢当地的美食，融入当地的文化，像最纯粹的当地人一样生活。

这个类比，可以清楚地说明 MBTI 性格类型与学习的关系。如果用 MBTI 的语言来描述我们的成长，那就是：我们可以在不同情境下，展现出 MBTI 全部 16 种性格类型所描述的行为模式来，而且每种行为模式的特征都特别鲜明，那些行为所表现出的能力都特别强大。

比如，一个喜欢独处、注重细节、以结果为导向且计划性强的 ISTJ 性格的人，在每个"逆倾向"方向上的能力都非常强：不仅能够展现出鲜明的、截然对立的"热爱社交、喜欢宏观、以人为本、随遇而安的 ENFP 性格"的特征，而且在与之对应的每个方向上的能力也非常强。此外，他还能够随意"调配"，让自己根据情境展现出能力强大的 INTJ、ESFP、ISFP、ENTJ 等性格的各种行为模式。最终，他以强大的能力让人看不出自己的性格特征来……

这就是用 MBTI 语言描述的个人发展愿景。

## 3.2　我们能用的，只有能力

性格并不可用，正如我们双手中的"左""右"并无使用价值一样。

我们使用双手时，用的既不是"左"，也不是"右"，而是"手"，确切地说用的是手上的各种能力。"左""右"只是对我们双手的标注，其本身没有使用价值。

我们在关注外部世界，建立自己与他人的连接时，使用的并不是 E 倾向，而是 E 能力。同样地，我们在关注自己内心，为思想注入深度时，用的也只是 I 能力，而不是 I 倾向。

由于性格是"与生俱来的"，它就像我们双手中的"左""右"一样。我们在出生时虽然已经确定是"左撇子"或者"右撇子"，但当时的双手除了在娘胎中已经发展出来的"挥动"能力，几乎没有其他任何能力。

在成长过程中，我们的双手会逐渐习得各种能力并运用它们。但无论我们用手做什么，起作用的都是"凝固"于其中的能力，与"左""右"无关。

性格也是如此。根据 MBTI 的框架，我们生下来就有了四个维度、八个倾向，但当时每个倾向上都几乎没有能力。我们所有的能力都是在成长中不断习得的，这些能力分别"凝固"在这八个倾向上。

## 3.3　性格倾向提示了能力方向

性格与能力是如此的密不可分，以至于在很多时候，心理学家不得不借用能力的词汇来描述性格。

MBTI 框架中的每个性格倾向的定义本质上都是用与能力相关的词汇来描述的。比如，关于 E-I 维度中两个性格倾向的官方描述如表 3-1 所示。

表 3-1　性格倾向对能力的提示

| E 倾向 | I 倾向 |
| --- | --- |
| 行动 | 反思 |
| 外部 | 内部 |
| 人际 | 隐私 |
| 交往 | 专心 |
| 善于表达的 | 沉静的 |

这些词汇都明示或暗示了不同的能力，如"行动"常常意味着敢于表达、快速行动，而"反思"则常常意味着深度思考。

即使是"外部""内部"这样的名词，也会让人联想到不同的能力方向："外部"通常指的是更擅长与周边互动，更了解外部世界的状态；而"内部"则会让人想到更了解自己的内心，更愿意做深入的思考等。

根据 MBTI 框架可知，一个人的所有能力都建立在四个维度、八个倾向上。也就是说，MBTI 框架提供了一种关于能力的分类方法。我们所拥有的各种能力被分成四大类别：首先是与能量相关的，然后是与信息相关的，接下来是与决定相关的，最后是与生活方式相关的。每个类别又分别由两个对立的倾向组成，如表 3-2 所示。

表 3-2　建立在性格倾向上的能力示例

| 维度 | 性格倾向 | 建立在性格倾向上的能力示例（优秀级别） |
| --- | --- | --- |
| 能量 | E 倾向 | E 能力：涉猎广泛、敢于表达、热情主动等 |
| | I 倾向 | I 能力：深入洞察、专注聚焦、慎思独处等 |
| 信息 | S 倾向 | S 能力：细致入微、明察秋毫、执行有力等 |
| | N 倾向 | N 能力：宏观前瞻、总结提炼、想象关联等 |
| 决定 | T 倾向 | T 能力：结果导向、坚持原则、理性冷静等 |
| | F 倾向 | F 能力：善解人意、凝聚人心、价值为先等 |

| 维度 | 性格倾向 | 建立在性格倾向上的能力示例（优秀级别） |
|------|---------|----------------------------------|
| 生活方式 | J 倾向 | J 能力：规划布局、掌控节奏、决策果断等 |
| | P 倾向 | P 能力：灵活应变、快速适应、开放探寻等 |

　　显然，一个"完人"是应该具备所有这些能力的。MBTI 只是用它的逻辑和分类方法，把各种能力分别建立在不同的性格倾向上。也就是说，在 MBTI 的世界里，一个人的全部能力都是与性格倾向相关的。性格与能力密不可分。

## 3.4　性格倾向对能力习得的影响

　　性格倾向会影响我们学习的效率。其中的道理很简单：性格倾向意味着偏好，偏好自然会引导个体更多地投入精力，这样与之相关的能力当然会发展得更快些。

　　就像我们的双手一样，老天爷会在我们的某只手上贴一个使用习惯的"偏好"标签。这个标签会让我们更愿意使用这只手，这样一来，这只手上的能力自然会比另一只手上的能力增长得更快些。

　　我们在 MBTI 框架中拥有的关于能量、信息、决定和生活方式的"四双手"，每只手上都贴着一个"倾向"标签，用来标明相应的使用偏好。这样一来，习得那些与倾向一致的能力，效率就会更高一些。比如一个 ENFP 性格的人，掌握在社交场合与陌生人认识的技巧（E 能力），就比他学习一个人待着反思昨天的某件事情（I 能力），要容易、轻松和高效些。同样，他练习想象未来的一个画面（N 能力），就比学习更正一篇文章中的排版错误（S 能力），要更快些，压力也更小些。他掌握理解一个人难处的方法（F 能力），要比掌握向别人提出一个负面反馈的方法（T 能力）快很多。他练习适应旅行中各种变化的能力（P 能力），要比自己制订并严格按计划完成旅行的能力

（J 能力）容易得多。

性格倾向会影响我们习得相应能力的效率：相对而言，我们习得那些与性格倾向一致的能力，要比习得那些与性格倾向不一致（逆倾向）的能力，效率更高、压力更小、能坚持的时间更长。

需要说明的是，上面所说的关于学习效率的对比，只适用于同一个体在对立的倾向之间进行，不能跨个体进行。同样拿双手来打比方：张三是"右撇子"，而李四是"左撇子"，我们并不能就此得出结论说，偏好用右手的张三，习得用右手写字能力的效率，会高于"左撇子"李四习得用左手写字能力的效率。因为完全有可能，"右撇子"张三用右手习得写字能力的效率，既比不上"左撇子"李四用左手习得写字能力的效率，也比不上李四用不偏好的右手习得写字能力的效率。

把这个比方用在性格上，道理是一样的。让 S 倾向的人去学习需要注意细节的会计科目（S 能力），比让他去学习需要抽象思考找到记账规律（N 能力）的效率高；而一个 N 倾向的人虽然不擅长学习需要注意细节的会计科目（S 能力），但是如果他非常努力，坚持刻意练习，其效率是完全可能超过一个 S 倾向的人的。

同性格倾向本身一样，性格倾向对学习效率的影响，在不同个体之间进行比较也是没有意义的。

比如我的一个朋友在信息维度上是 N 倾向的。但由于他在体制内工作多年，受到了十分严格的文字细节训练，所以一眼就能看出一篇报告中的文字和标点错误。有一回，他的一个 S 倾向的同事交给他一份工作报告，他很快就发现了报告中那些 S 倾向同事没发现的细节错误。当时，那位 S 倾向的同事感到很惊讶。她问我的这位朋友："你不是 N 倾向的吗？你怎么能看到我这个 S 倾向的人都看不出来的这么细节性的问题？"我的朋友当时就向她解释了原因：他曾经接受过 S 倾向上的严格训练，已经拥有很强的 S 能力了。

因此，我们不能简单地认为一个人拥有某个性格倾向，就一定会在那个倾向上，拥有比非这个倾向的人更强的能力。

高手能够驾驭性格，让能力在任何维度的任何倾向上都变得强大。

性格及其对学习效率的影响，在个体间进行比较没有意义。理解并掌握这一点的意义重大。因为它会防止我们得出某种性格好而某种性格差的结论，从而让我们坦然接受自己与生俱来的性格，致力于用好天生的性格来发展自己的能力。

# 第 4 章　性格与学习偏好

## 4.1　知识学习与人际学习

我曾经在软实力工场发布的一份招生简章中，将学习能力分成知识学习能力和人际学习能力两种，并分别给出了如下定义。

- 知识学习能力：有较强的观察能力和归纳总结能力；对理论、模型和工具有很快的理解、消化和关联应用能力。
- 人际学习能力：拥有对建设性冲突的热爱和对建设性批评的渴望，善于将不同的意见转化为成长的营养；既勇于表达也善于倾听。

这种分类当然是人为的，主要是为了强调人际学习能力。

相对于人际学习能力而言，我们在知识学习能力方面受到的训练更多一些，如在学校受到的正规教育大多是关于知识学习能力的。

由于人际学习能力通常在学习效果方面有放大效应，所以它对于一个人的持续成长十分重要。我想在这方面花点笔墨，对它加以说明和强调。

一般地，一个人从进入职场起，人际学习对他来说就开始变得重要了。其中的原因很简单，职场不像学校，自己在工作中的大多数"答卷"都不能完全独立完成，总会有别人（很多时候是直接上级）在上面"写上几笔"。另外，很多具体的工作都需要与人讨论和协作才能完成。

很多人都没有受过专门的人际学习训练。相比知识学习能力而言，人际学习能力具有以下两个重要的特征。

**学习的对象是动态的，而且可能会对学习者进行评价，甚至攻击。**

比如在工作中，我是很想向自己的上级学习的，但上级很可能看不上我，觉得我的想法太低级，甚至"不可教也"，还时不时地用负面评价"打压"我。这样的情境显然会让我的人际学习变得艰难。

知识学习则不同，就算一本书再难，它也不会主动评价我，更不会攻击我。在所学内容的难度差不多的情境下，坚持和完成知识学习是相对容易的。

这是我们把人际学习能力中最重要的态度和思维模式予以强调的原因所在：**拥有对建设性冲突的热爱和对建设性批评的渴望。**没有这个态度，人际学习是很难有深度的。

人际学习的本质是视他人为"老师"。而优秀的老师从来都不是通过讨好学生让学生成长的，他们对学习过程加以干预，对学生的成长程度进行评价，以适度的挑战"为难"学生，即使在学生不愿意思考时也要推动学生思考……所有这些，都可能导致各种让人不快但却有利于学习和成长的冲突。对学习者而言，能否以正确的心态和方式应对人际学习中的冲突，对其人际学习有决定性的影响。

**学习的对象所呈现的东西常常有限，很多时候只讲结论，不讲得出结论的过程，因而让学习者难以"知其所以然"。**

就像每年的各种"跨年演讲"一样，演讲者喜欢给出新词、新结论，但却很少与人们分享得出结论的过程。当然，在很多时候，我们也倾向于只接受或反对结论，不关心得出结论的思维过程。

有效的人际学习需要了解得出各种结论的过程。"知其然"不是学习，"知其所以然"才是真正的学习。显然，在这方面，思辩力是人际学习的基础。思考，辩论，然后辨别——这个过程才是学习。

**人际学习能力是人持续成长的保证。**

我们不一定每天都会读书或者专门去学习某种知识，但我们几乎每天都要与人打交道。从这个意义上讲，如果我们能够把人际互动转化为学习，成长的营养一定会更加丰富。

不仅如此，如果我们接触的人的兴趣爱好各不相同，他们关心的领域也不一样，那么将与他们的互动转化成学习，就相当于让自己置身于百科全书之中。这样可以有效地弥补我们在知识学习上的"偏好"。比如我是学理工的，在知识学习上对人文社科方面的知识可能就不大愿意投入精力。在这种情境下，如果我能够遇到在人文社科领域有专业见解的人，而我又擅长运用人际学习能力，我就可以通过与他们的互动增长我在人文社科方面的见识。

此外，在某种意义上，人际学习还可能会高于知识学习。因为我们遇到的人大多已经完成某个方面的知识学习，如果我们善于识别，那么从他们身上学习到的，可能已经是经过他们提炼的知识精华了。这种"站在他人肩膀上"的学习，会大大提升我们成长的效率——这就是人际学习能力在学习效率上的放大效应。

那些优秀的身居高位者之所以能够拥有对业务和形势的深刻洞察，其中一个很重要的原因，就是他们善于在大量的各种与人互动的活动中不断汲取营养。当然，他们中的很多人也有出色的知识学习能力，其中的一种表现就是保持着良好的阅读习惯。

因为工作的原因，我曾经接触并有幸为很多高管提供学习服务。我发现那些真正有领导力的、能够带领团队不断成长并取得非凡成就的领导者，几乎都是人际学习的高手。他们的工作都十分繁忙，但只要与人交流就十分投入，并能够真正做到对他人的思想感兴趣，因而乐于了解和倾听。这些做法体现了他们高效的人际学习能力。

## 4.2 性格倾向与学习偏好

在 MBTI 框架中，性格是一种"倾向"，代表了自己行动上的偏好。显然，这种偏好也会影响我们的学习效率。因此，不同性格类型的人的学习偏好也是不一样的。对于我们每个人而言，对自己的学习偏好了解得越多，就越能更好地利用它、改进它，从而提升自己的成长效率。

学习偏好是学习能力的重要组成部分，因为它会影响学习方式和学习效率。在性格倾向的影响下，我们会很自然地顺应自己的性格倾向去发展相关能力，我们的学习习惯也很容易因此而形成。

为了避免误用性格工具给人贴标签的做法，在继续下面的讨论之前，我想再重申这个基本假设：

**同性格倾向一样，与性格倾向相关的学习效率的比较，也只局限于一个人在某个性格维度上的两个对立的倾向之间。不同个体之间的比较是没有意义的。**

让我们先从能量维度开始。如果一个人在"能量"维度上是 E 倾向的，那么，相对于"如果他是 I 倾向的（而不是与另一个 I 倾向的人相比）"而言，他就更喜欢在互动中学习。他喜欢通过与人讨论，在讨论中获得反馈来学习，并通过互动加深对主题的理解。在独自学习时，他喜欢在不同科目之间频繁切换，中途休息的频次也会更多些，甚至在学习过程中也很容易对外界的信息表现出兴趣。

而如果一个人是 I 倾向的，相对于"如果他是 E 倾向的（而不是与另一个 E 倾向的人相比）"而言，他在学习上就更喜欢独自思考，即使与人讨论也更喜欢追求深度，同时也容易被深刻的观点所吸引。他对深度不够的讨论兴趣不大，而且会觉得没有深度的讨论是对时间的浪费。在独自学习时，他更可能沉浸其中，对外界的信息兴趣不大。除非当时所学科目让他觉得讨厌或太难，否则他在同一科目上投入的时间会很长。

同样，信息维度上的 S-N 倾向也一样会影响一个人的学习偏好。如果一个人是 S 倾向的，他就更喜欢具象的东西，而不是抽象的理论。比如对他来说，背诵和记忆就比理解一个公式和公式背后的含义要更讨他喜欢一些。在读书时，他更偏好记住书中的"原话"，但相对不喜欢做更多的关联和引申。而且读书时他会按顺序从头到尾地读，不喜欢跳跃。他喜欢工整细致的笔记，但有时候会因此过多关注细节。

如果他是 N 倾向的，则会更喜欢用自己的话去表述对书中内容的理解。他更喜欢总结性的内容，自己在学习中也会经常问："这段话到底说了什么？这些现象背后有什么样的原理，其本质是什么？还有其他什么可能吗？"他还喜欢进行各种关联，而且可能乐此不疲。在学习过程中，他更喜欢跳跃，比如在不同科目之间切换。读一本书时，他也更可能在不同章节之间跳跃。比如他可能在看到我的这段文字时，想到了与前言中某句话的关联，于是就跳转到前言去找那句话。

决定维度上的 T–F 倾向，对学习偏好的影响则体现在对反馈的处理及对学习对象和学习环境的接纳上，当然，也会对学习风格有影响。一个 T 倾向的人在学习时，更喜欢客观理性的内容，也更能接受严格的学习要求和坚持原则的老师。他更喜欢课堂上规则清晰，执行严格，对所有人一视同仁。

F 倾向的人则更在意老师对人的关注及更温和的提醒。在学习环境上，他更喜欢以人为中心的学习氛围。

显然，生活方式维度上的 J–P 倾向，对学习偏好也是有影响的。一个 J 倾向的人喜欢制订学习计划并按计划实施，在考试前会显得"从容"。如果他同时又在信息维度上是 N 倾向的，那他的计划就会更加周到、有整体感。顺便说一句，这种"井井有条"的学习风格可能是无数家长最希望在孩子身上看到的。

但如果这个人是 P 倾向的，他在学习上就不喜欢做计划、被约束。如果要准备一场考试，他更相信自己拥有足够的时间，因此很可能会在考试前"临阵磨枪"，搞最后的冲刺。如果他同时也在信息维度上是 N 倾向的，那他就会在整个学习过程中显得"大大咧咧"，随意性很强。显然，这样的学习风格如果表现在孩子身上，可能是最让家长着急的了。

了解自己的学习风格，一方面是要用好它，另一方面就是要改进它、拓展它、丰富它。"扬长补短"才能让我们的学习能力更全面，也就更能适应各种学习情境，提升学习效率。

例如，一个拥有 ESTJ 性格的人，其学习风格也是 ESTJ 式的。如果一个人拥有某种性格且只具备在倾向指示方向上的能力，那么这个人的学习风格可以总结为：喜欢涉猎宽泛的内容，而不是专注于一个领域；喜欢具象的内容而不是抽象的，尽管 E 倾向让他涉猎广泛，但他却没兴趣在那些内容之间建立联系；他喜欢按自己接受的规则去评判一种内容是否值得自己学习，同时会把自己的学习安排得井然有序。

显然，ESTJ 式的学习风格有自己的学习偏好和优势，但也有需要拓展的地方。因此，一个拥有 ESTJ 式学习风格的人，就需要在发挥其优势的基础上，拓展更多对立的能力。比如，他需要发挥 E 倾向上的注重广度的能力，拓展 I 倾向（E 倾向的对立倾向）上的追求深度的学习能力；需要发挥 S 倾向上的注重细节和具象的能力，拓展 N 倾向（S 倾向的对立倾向）上的注重关联及抽象意义的能力；需要发挥 T 倾向上的以原则为标准的能力，拓展 F 倾向（T 倾向的对立倾向）上的以人和价值观为基准的对内容进行判断的能力；需要发挥 J 倾向上的有计划地安排学习的能力，拓展 P 倾向（J 倾向的对立倾向）上的灵活处理不同学习内容的能力。

当然，一个人在不知道自己性格倾向的基础上，也会或多或少地进行"扬长补短"的。只是在那种情境中，这种成长是无意识的，其效率也会比有意识地发展自己的能力要低很多，同时对于发展逆性格倾向上的能力所面临的压力及所需要的时间，也容易感到迷茫、困惑，甚至自我怀疑。

## 4.3  成为学习高手

有意识地用好因性格倾向形成的学习偏好，同时在这个基础上，拓展逆倾向的学习能力，才能成为学习高手。

了解受性格倾向影响形成的学习偏好并高效地用好它们，显然是有利于我们提升学习效率的，但只做到这些，我们还不能成为学习高手。

如果只遵循因性格倾向形成的学习偏好，学习环境与学习偏好的一致性就成了影响学习效率的重要因素。一个人能够遇到适合自己偏好的学习环境，当然是幸运的。但真实的学习环境常常是不太如意的。比如，一个 INFP 性格的人，更喜欢安静且有深度的（I 能力）、理论性或充满联想的（N 能力）、环境友好的（F 能力）、规矩不多而让人随性的（P 能力）学习环境，但如果他正好处于"ESTJ 式"的环境中，其学习效能可能就会受到影响。

因此，同驾驭性格一样，驾驭学习偏好，让自己能够在任何环境中学习，就变得十分重要了。

用 MBTI 语言描述的理想的学习高手是下面这样的。

在能量维度上，他既可以用 E 倾向的方式与外界互动并高效学习，如在行动中、在与人交流中、在热闹的情境中学习等，也可以用 I 倾向的方式高效学习，如独自阅读、个人反思等。

在信息维度上，既可以用 S 倾向的方式在实践中务实地学习，也可以用 N 倾向的方式高度"务虚"地学习；既能够脚踏实地地学习（S 能力），也可以在仰望星空中学习（N 能力）；既喜欢实践（S 能力），也热爱理论（N 能力）。

在决定维度上，既可以就事论事，通过直面负面反馈甚至批评进行学习（T 能力），也可以在委婉柔和中获得营养（F 能力）；既可以在理性地处理冲突中学习（F 能力），也可以在友好相处中学习（F 能力）。

在生活方式维度上，既可以在规则严格的环境中高度自律地严格按照计划学习（J 能力），也可以在高速变化的情境中成长（P 能力）；既可以在流程化的生产线式的工作中学习，也可以在反复无常的变化中学习（P 能力）。

总之，学习高手是能够通过驾驭"偏好"，最终让自己没有"偏好"的。这种没有"偏好"的能力不会让他们没有个性，恰恰相反，他们很有个性。他们在个性上最突出的表现，就是能够以任何情境、任何资源为营养，让自己变得更好。他们不"偏科"，既热爱数学的深奥（I 能力）、抽象（N 能力）、理性（T能力）、严谨（J能力），也喜欢社会科学和艺术的宽泛（E能力）、现实（S能力）、感性（F能力）和没有定式（P能力）。（在这里我只是笼统举例，并不意味着我认为数学就是"INTJ式"的，而社会科学和艺术就是"ESFP式"的。）他们热衷于提升自己的学习能力，努力成为学习能力的集大成者。他们追求这样的目标：在任何一种情境中，只要有人能够从中学习，他们就是其中最高效的一员。

# 第 5 章　性格与职业生涯规划

## 5.1　不能让性格决定命运

了解自己的性格有利于自己做职业规划吗？答案是肯定的。

在前面的关于能力与性格的关系上，我们已经看到性格会影响能力的习得。当一种能力建立在与性格倾向一致的那只性格之"手"上时，习得那种能力的效率会高一些；如果能力建立在逆倾向的那只性格之"手"上，习得那种能力的效率就会低一些。"需要付出额外的努力"常常让人生畏，并在能力水平到达一定高度后让人倾向于放弃。

俗话说，"性格决定命运"，从性格影响能力学习的角度看，这句话是有道理的。但如果一个人愿意付出努力去驾驭自己的性格，有意识地习得各种需要的能力，他就有机会让"能力决定命运"。

举个管理实践中常见的例子。假设有一个纯粹的 S 倾向的员工拥有出色的 S 能力，但几乎没有 N 能力。他在向上级汇报工作时，常常会把内容准备得非常具体（比如为某次汇报准备了 30 张 PPT），而且在汇报过程中，也习惯于用 S 能力按顺序对内容进行讲解。

但他的上级常常因为时间紧张等各种因素，更愿意用 N 能力听汇报。

因此，当这位员工用准备好的详细材料向上级汇报工作时，上级常常很快就打断他："请告诉我最重要的三点就可以了！"在这种情况下，这位员工常常会不知所措，不知道这 30 张 PPT 中哪三点才是上级想要听的。

这就是纯粹的 S 倾向的、只有 S 能力而缺乏 N 能力的人在职场上常常遇到的挑战。他们唯一的出路，就是发展自己逆 S 倾向的 N 能力。

同样地，一个纯粹的 E 倾向的员工在向上级汇报工作时，常常会被上级指出"想得不够深入"，而且有时候自己觉得"已经想得很深入了"，仍然被上级认为深度不够。一个纯粹的 I 倾向的员工常常不会在会议中表达自己的观点。这种表现不仅会让上级和同事看不到他的才华，还会让他被人误解和恶意猜测。一个纯粹的 J 倾向的员工常常会讨厌上级交代的临时任务，觉得那是对自己计划的打扰。这样的表现显然会被上级认为他态度不够积极、不愿承担责任等。一个纯粹的 P 倾向的员工可能会因为不严格按计划做事，而被上级认为他不够可靠。

这些例子也可以很容易地映射到生活中：一对夫妻，一个人是纯粹的 E 倾向的人，另一个人是纯粹的 I 倾向的人。回到家里，I 倾向的人希望能安静地独自恢复能量，而 E 倾向的人则希望通过互相交流来恢复能量。在信息维度上，如果一个人是纯粹的 S 倾向的人，另一个人是纯粹的 N 倾向的人，那么 S 倾向的人就总能看到 N 倾向的人没有把细节做到位，如装修中的房间墙壁上有细小的缝隙，或桌面上有灰尘；而 N 倾向的人则总喜欢追求"整体上不错"就行了，对于 S 倾向的人在细节上的"纠缠"感觉厌烦。同样的，纯粹的 T 倾向的人会因为"就事论事"而不小心伤害对方，而纯粹的 F 倾向的人看到对方做得不对也不忍心指出；纯粹的 J 倾向的人总会纠正纯粹的 P 倾向的人把东西放到"正确"的地方，而纯粹的 P 倾向的人则觉得这毫无必要。

所有这些来自工作和生活的挑战，本质上都体现出不同倾向上能力间的冲突，都提示我们：不仅要发展好与自己性格倾向一致的那些能力，也要拓展那些逆倾向的能力。

荣格有句名言，意思是：你未觉察到的潜意识决定着你的人生，而你却将其称之为"命运"。这句话用到性格与成长中，就是如果你不能觉察自己的能力完全受性格倾向支配并对其进行改变，你的性格倾向就决定了你的人生，然后你就会说"这是命运"。

"命运"是先天决定的。只有意识到先天决定的那些因素对我们生命的影响,进而努力去驾驭它、用好它,我们才能用后天的努力去改写"命运"。

驾驭性格、以能力去应对挑战,我们才能更好地决定自己的命运。

## 5.2 管理者的晋升路径:从 ESTJ 到 INFP

既是事无巨细的执行者,也是高瞻远瞩的战略家。

职场并不在乎人的性格,职场上任何一个岗位需要的都是能力。任何一个公司在招聘一个员工时,本质上是在雇用一整套与岗位匹配的能力,而不是某种特定的性格。

比如,我们常常看到一些尽管性格内向但却十分优秀的销售人员。这些销售人员拥有出色的对外交往的能力,这种能力是与他们自身的 I 倾向对立的 E 能力。对他们来说,在工作中运用 E 能力,比一个人独自坐在电脑前,运用与自己的 I 倾向一致的 I 能力进行深入思考、撰写方案,要付出更多努力、消耗更多能量。

事实上,每个公司都更希望自己的员工,尤其是管理者,能够突破自己的性格局限,习得更全面的能力。职位越高,对能力的全面性要求就越高。

一般情况下,我们刚入职场时,都只适用"能力决定命运"。无论是在面试时,还是在入职后的相当一段时间里,我们都不敢"耍性子",也就是不敢依着自己的性格倾向说话做事。我们常常会很好地用能力驾驭自己的性格。比如在面试时,假如面试官用 MBTI 的问题来提问,对话很可能就是下面这样的。

问:你喜欢与人打交道吗?(考察 E 倾向的能力。)

答:当然啦。我非常愿意跟人合作,与大家一起讨论并把工作做好。

问:你做事的认真仔细程度如何?(考察 S 倾向的能力。)

答:在这方面我能够做得非常好。你看,我能够很快把这份材料中的细节看出来……

问：你做决定时会坚持原则、就事论事吗？（考察 T 倾向的能力。）

答：那是自然的。我在家里就是一个规则的维护者。

问：你平时做事的计划性如何？（考察 J 倾向的能力。）

答：我非常喜欢做计划。上次外出旅行时，我就做了整整十页的攻略和详细的计划，然后严格按计划去做的。

入职时，我们就是这样向面试官展示自己的能力的。显然，这是 ESTJ 的行为模式。ESTJ 这四只"手"上的能力是我们的基本功，也是社会对每个人的基本要求。在我们受教育的过程中，这四只"手"上的能力几乎一直都在被训练和强化：E 能力——"多与同学交往"；S 能力——"考试时答卷要细心"；T 能力——"要严格遵守规定、理性看待问题"；J 能力——"无论是学习还是生活都要有计划"。

当然，不同的岗位对一个人在 INFP 四个维度上的能力有不同的要求。限于篇幅，我只能使用一个具象的例子来描述一个希望在职场阶梯上不断攀升的管理者的晋升路径。

假设我们通过前述的面试，用 ESTJ 的能力进入职场，之后因为把工作做得出色而获得提拔，接下来，如果我们在职场上发展顺利，就会继续获得提升。当我们从员工成为管理者时，工作岗位对我们的能力要求就会有所变化。这些能力要求的体系体现在 MBTI 的四个维度上，分别如下。

从与同事打成一片（E 能力）转变为接受和保持与同事的距离并学会独处（I 能力）

从注重做事的细节（S 能力）转变为关注部门的整体（N 能力）

从按规则就事论事（T 能力）转变为在决策中增加人的因素（F 能力）

从严格按流程办事（J 能力）转变为处理各种例外情况（P 能力）

显然，我们的升职不仅意味着对我们在性格倾向上的能力（如 ESTJ）要求更高，对于逆倾向上的能力（如 INFP）也开始并逐渐有更高要求了。这就像我们当员工时，如果做的正好是自己喜欢的工作，升职成为经理后，就不但要把自己喜欢的工作做得更好，而且要做不少自己不喜欢但却是新的岗位上必须要做的工作。

一个人从基层晋升到高层的过程，就是他在不断提升自己的 ESTJ 能力的同时强化 INFP 能力的过程。这也可以用来解释，为什么"领导是门艺术"，为什么"治大国如烹小鲜"——在顶层的人要有艺术家般的能力。

在理想状态下，一个走到顶层的管理者在 MBTI 的四个维度、八个倾向上的能力都是非常出色的。

**他们用 E 能力关注环境变化，用 I 能力洞察业务规律；**

**他们用 S 能力推动高效执行，用 N 能力做战略思考；**

**他们用 T 能力追逐结果，用 F 能力凝聚人心；**

**他们用 J 能力做战略规划，用 P 能力引领变革。**

他们是事无巨细的执行者，也是高瞻远瞩的战略家。

这就是用 MBTI 语言描绘的职业能力愿景。

# 5.3 先扬长，再补短

职业发展的路径不是扬长避短，而是扬长补短。在必要时，还应该以长补短。

理想的职业路径是先找到在能力需求上，与自己的性格倾向一致的工作。由于性格倾向会影响学习效率，因此这样的选择常常能够让人的能力增长得很快，应用起能力来也很顺手。如此一来，我们在工作中取得成绩也容易一些（相对于选择需要逆性格倾向的能力的工作而言）。这有利于我们建立信心，为未来的成长打下良好的基础。

在这个基础上，我们再注意提升那些逆性格倾向的能力，就可以为不同的岗位做准备。如此坚持下去，把四双"性格之手"的每一只"手"上的能力都锻炼得越来越强大，我们就会赢得越来越多的机会，就会创造越来越多的可能。

有些人只想做自己喜欢的工作，从性格的角度看，就是只想做与自己的性格倾向一致的工作。这样做常常会有较大的职业风险。

一个人只做自己喜欢的工作，最有可能的终极状态就是成为所做工作领域中的"工匠"，而且很可能是一个独立的工匠。这种情形最恰当的例子就是那些不需要团队支持的个体艺术家，如画家。这种不需要团队支持的个体工作者，可以用 MBTI 中纯粹的 INFP 来形容：他们内向，不喜欢与人交往（I 能力），活在未来和想象中（N 能力），坚守自己的价值观（F 能力），随性生活（P 能力）。这种人如果是天才，当然会有人愿意走进他的"性格房间"，以他喜欢的方式开展合作、提供支持。但如果他不是天才，或者其天分不能在他活着的年代被人发现，他就会像历史上无数的故去之后才可能收获名望的艺术家一样，在世时很可能会过得穷困凄凉。

如果一个人只做自己喜欢的工作，还可能陷入失业后没有选择的境地。社会的发展和变迁常常会让一项工作发生变化甚至消失。比如，就算在传统的装修领域，一个当年能够以所擅长的手艺为荣的木工，在当下也已经没有什么用武之地了。我遇到过一个网约车司机，他曾经就是装修木工。他告诉我，现在的装修对木工的需要已经仅限于吊顶作业了，所有当年学到的手艺都派不上用场了，因为现在的绝大多数家具、门窗等当初需要木工完成的东西，都直接由工厂定制完成了。他能去工厂上班吗？现在的工厂在设计上用的是电脑，在制作上用的是机器。这些他都不会，而且短时间内也学不会。还好他会开车，于是就转行做网约车司机了。

随着科技的发展，尤其是人工智能的出现，传统工作的变化将会更加普遍和频繁。

因此，无论是为了职业安全还是为了丰富人生体验，我们都应该既要扬长，还要补短。

如果要描述一条"理想的"、能够不断走向职业阶梯更高层级的职业路径，从性格成长力的视角我会给出这样的建议：初入职场时，如果有可能，最好还是找一个能力需求与自己性格倾向一致的工作，这样有利于自己把工作做好，适应职场，收获信心。

这样做的原因很简单，就是用自己的所长尽快收获成功、建立信心、打好基础。

在第一份工作中，首先要注意把与自己性格倾向一致的能力进行强化和提升。比如，S 倾向的人可以先把注重细节的 S 能力提升到极致，就像一个体制内的"公文"写手一样，写文时不仅注意用词准确，还注意排版，甚至对标点符号的半角、全角这些细小错误也不放过，最后做到对一篇文章看一眼就能发现各种细节问题的程度。

与此同时，我们还要注意防止自己陷入对运用与性格倾向一致的能力的"热爱"。比如，一个 S 倾向的人如果过于追究细节，就很有可能在细节上变成强迫症患者。这常常会妨碍我们 N 倾向上能力的发展。我们对 S 倾向上的 S 能力越执着，对 N 倾向上的 N 能力就可能越反感。

为了避免在自己的性格倾向上"陷得太深"，在做第一份工作两三年后，而且确信自己已经在这个岗位上学到了足够的东西时，我们就可以考虑换一个不同的工作了。这里的"不同"不是收入、职位或工作内容上的不同，而是新的工作对自己的能力要求有足够的不同——从 MBTI 性格的角度看，就是要有足够的对自己逆性格倾向上的挑战。比如，自己的性格是 T 倾向的，原来非常喜欢按清晰的规则做事，遇到问题能够以旁观者的角度，用一种规则冷静看待并做出决定。而新工作可以让自己去做一些"讲不清"的工作，一些注重人的感受和价值观的工作。这样的工作所涉及的决定常常不是依靠某个规则来做出的，而是靠与他人沟通讨论共同做出的——这种做出决定的方式，常常需要 F 倾向上的 F 能力。

当然，第一次换工作岗位（不一定是换单位跳槽）到底要在几个维度上对自己进行能力挑战，就要看自己的承受力了。如果自己的学习能力强，就可以加大挑战强度。

在新的工作岗位上（准确地说，是在第二个对能力要求不同的岗位上）再工作两三年，我们就可以考虑申请带领团队了，而且团队中最好是有一个或多个与自己性格倾向不一样的人。如果已经拥有前面两段把性格倾向作为成长认知和资源的经历，一个人常常能够从带不同的人的经历中学到更多。

这个首次带人的阶段，也应该持续两三年。职能，也就是具体负责什么工作已经变得不那么重要了，重要的是训练自己的各种软实力。比如，更好地运用性格成长力，有意识地利用团队资源推动自己更快地成长；提升时间影响力，能够把时间作为一个影响因素，放大自己的时间资源；强化沟通协调力，让自己在对上级、对跨职能的平级和对自己带领的团队时的沟通和协作能力得到更多的提升。这个时候更是训练自己当众表达力的好时候——这一点极为重要。一定要勇于抛头露面，要抓住所有当众讲话的机会。如果有可能，不要只训练那种"官方的、标准的演讲"，而要注重训练各种当众的即兴表达。当然，要做到当众表达有水平，需要有很好的思辩力和果敢力。用思辩力洞察业务，用果敢力管理动态目标并应对各种困境。最后，当然还要训练自驱力，让自己拥有能量源泉（关于思辩力、果敢力和自驱力的更多内容，可以参照我的另一本书《软实力三原色——掌控人生的三大关键能力》）。

当然，很少有人能够在两三年里达到上述状态，但开启这样的有意识的训练却是必要的。因为所有软实力的训练都不是一蹴而就的，而是需要终身坚持的。

接下来，就可以持续"套用"这三段工作中的成长经验，在职场阶梯上不断向上攀登了。

## 5.4　养成在任何情境中学习的习惯

如果你在做与自己性格倾向一致的工作，祝贺你，因为你会更容易享受到高效、成功和舒适；如果你在做挑战自己性格倾向的工作，也祝贺你，因为你会收获成长。

在职场上，如果我们找到了正好可以完全使用与我们性格倾向一致的能力的工作，我们会感觉这工作"适合"我们。但一直做"适合"自己的工作，除非在同样的能力上能够不断精进，从而成为该工作领域的专家，否则长期的"适合"，会妨碍一个人的全面成长，导致那些逆自己性格倾向的能力得不到训练，从而难以获得升职的机会，甚至会在偶然获得机会升职后，长时间不能胜任更高职位的工作，甚至会降职。这样的"升职后不胜任工作而被降至原层级"的例子，在职场上也不少见。

我曾经见过一个非常出色的销售人员，能够以 ESTJ 风格达成很好的业绩，后来被提拔后，ESTJ 风格却成了他工作的障碍，因为 E 能力让他在团队面前太容易发表意见，S 能力让他太注重细节，T 能力让他唯结果论，不能用价值观凝聚人，而 J 能力则让他失去不少灵活性。显然，员工在纯粹的 ESTJ 型领导下工作是十分痛苦的。后来，这位销售人员因为不能拓展 INFP 的相关能力，加上他真的喜欢一个人单打独斗，最终还是回到了普通销售人员的岗位上。

当然，我举这位朋友的例子并非是说他这样的职业生涯是"不成功"的。事实上，他有两种选择：选择一是"扬长避短"，享受与自己的能力匹配的职位；选择二是"扬长补短"，发挥优势提高短板，让自己的能力匹配上更高的职位。

所以，如果想在职业阶梯上不断向上攀登，我们就不仅需要强化与自己性格倾向一致的那些能力，还要拓展那些逆性格倾向的能力，也就是"扬长补短"，舍此别无他途。

显然，一个人如果能够找到如前文所述的"理想的"职业发展路径，之后按照"先扬长，再补短"的策略，先建立信心，再拓展能力，稳健地在职业阶梯上不断攀登，当然是幸运的。随着社会的不断发展，越来越多的人会有机会做那样的选择，而前提是做出选择的人对自己的性格倾向、学习偏好、职业目标等有清醒的认知。

也有很多人像我一样，在进入职场时没有太多选择。在这种情况下，我们对自己的性格倾向、学习偏好的了解和驾驭就会变得更加迫切。工作和职业的发展不会照顾我们的性格倾向和学习偏好，胜任工作的能力才是赢得工作机会和获得职业发展的金钥匙。

因此，通过驾驭自己的性格倾向来突破自己的学习偏好、养成在任何情境中都能高效学习的能力才是王道。

# 第6章 将性格作为成长的资源

用你的右手，帮助你的左手变得更强大。

在我的一个领导力发展项目中，有一位担任中层管理者的学员，被提拔前曾经做了多年的与安全相关的工作。那份工作的能力要求有着十分明显的ISTJ风格：发现问题需要深入思考，检查安全需要关注细节，处理事情需要坚持原则和追求结果，执行时需要严格按计划进行。在完成第一个模块关于性格成长力的学习，并被要求运用它将第二模块的内容用于工作之后，在第三个模块的课间，他过来问我："老师，我是个纯粹的ISTJ性格的人，无论是读书时还是工作后，我在这四个方向上的能力都在不断地得到强化。可能也正是这个原因，我能够把安全工作做好。但现在我要带团队了，真心感受到新的管理职位强烈需要自己拓展每个维度逆方向上的能力。但拓展那些能力，真难啊！比如，不仅在工作中，在生活中我也是个非常注重细节的人。我可以很自信地说，在公司的安全相关部门，应该没有人比我观察和处理细节的能力更强。但自从我成为经理之后，这个能力简直就成了短板了。老板跟我说，带团队时不要管那么细，要学会抓大放小。在E倾向和T倾向上能力较强的员工，也直接跟我提出请求，请我不要管太细。这些道理我都明白，但我在工作中一看到细节上的问题就会忍不住提出来，还会给予特别大的关注。我的感受是，提升与我的S倾向相反方向的N能力好难啊！"

我完全能够理解这位学员的感受。这就像一个人手中既有矛又有盾，平时就是用矛的高手，只攻不守，而且对"进攻是最好的防守"深信不疑。现在突然要他学习用盾，去学习守卫之法。不仅如此，原来他擅长的用矛进攻的漂亮身段，也是当年赢得赞誉、获得成绩让自己引以为傲的能力，在需要用盾时还常常会妨碍他。他岂有不难过之理？除了这些，在学习效率方面，原来他练习用矛进攻时，练习一天就收效巨大，而现在练习用盾防卫，练习了两天也收不到类似的成效，而且在练习中心理压力也越来越大，几乎毫无愉悦感和成就感。

性格，照这样看来，似乎成了个体全面发展的障碍。

的确，在对自己的性格倾向没有足够的认知时，它可能会成为我们发展的障碍，因为我们在遇到与我的这位学员类似的情境时，极有可能和他一样陷入迷茫，不知缘由所在。无论如何，对造成困境的原因有认知，然后有意识地处理那些困境远比单纯的迷茫要好得多，应对起来成效也会更好。

其实，我们完全可以将性格当作资源来使用。

还是拿前面的学员所面临的情境来举例。在当上经理之前，他的 S 能力非常出色，正是这种出色让他获得了很好的业绩，而业绩是他得到提拔的基础。而在当上经理之后，他就需要拓展 N 能力了，比如更多地注重整体、寻找不同事件之间的关联等。这时候，他可以用 S 能力来帮助自己拓展 N 能力。具体而言，他可以用 S 倾向上的细节管理能力对自己拓展 N 能力的过程进行管理。假设有一次他收到了来自不同员工的工作报告。按原来的工作习惯，他可能会一头扎进其中的一份报告的细节中去。但为了拓展自己注重整体和关联的 N 能力，他可以把自己擅长细节管理的 S 能力提升一个层次，用到管理自己如何找到整体感和关联度上来。他可以这样问自己："我在把握整体性上做了哪些具体的工作？对于每份报告，如果总结出最重要的一个点，会是什么？这一点是从哪些细节中提炼出来的呢？此外，我的确看到了很多细节，也看到了这些细节之间的关系，但如果要为每个细节都找到一个最远的关联点，会是什么呢？最后，应该如何找到不同报告之间的关联？这个关联，如果只用一个关键词来形容，会是什么呢……"所有这些问题，都可以借助他的 S 能力去解决。

这个做法就像一个"右撇子"的人用右手帮助左手练习拿筷子：用右手给左手递筷子，筷子掉了用右手把它捡起来递给左手；用右手给左手的练习创造环境，先准备容易处理的情境，再提升难度等。

在 MBTI 的框架里，在每一个维度上，我们都可以用一个倾向上的能力去为对立倾向上的能力发展提供支持。

在能量维度上，一个 E 倾向的人完全可以用他的 E 能力来发展自己的 I 能力：用 E 能力去收集不同的深入思考、长于独处的方法，作为自己发展 I 能力的资源和素材。而一个 I 倾向、拥有 I 能力的人，也可以通过用 I 能力深入思考发展 E 能力的方法来为 E 能力的发展提供支持。

在信息维度上，一个人依然可以用符合性格倾向的能力，去支持逆倾向上能力的发展：一个 S 倾向的人完全可以用自己容易习得的 S 能力让自己在练习 N 能力时更加注重细节，让自己在展现 N 能力时能够做到由抽象到具象。而一个 N 倾向、拥有 N 能力的人，也完全可以用好自己的 N 能力，深化对理论的理解，找到各种情境的关联，为 S 能力的发展提供支持。

在决定维度上，如果一个人是 T 倾向且拥有不错的 T 能力，这种能力也可以帮助他更好地习得 F 倾向上的 F 能力：他可以在接受训练时邀请老师给予直接的反馈甚至批评（T 能力）。同样地，如果一个人是 F 倾向且具有 F 能力，在练习 T 能力时可以用 F 能力理解他人的辛苦，让他人更愿意耐心地帮助自己。

在生活方式维度上，一个拥有 J 倾向和 J 能力的人在练习让自己更加灵活地应对变化的 P 能力时，可以通过设计练习计划，让训练有序进行。同样地，一个拥有 P 倾向和 P 能力的人在提升自己的 J 能力时，可以运用自己的灵活随性在各种情境中寻找机会进行练习。

当我们能够有意识地运用性格倾向对我们的影响时，性格就会成为我们成长的资源。我们对自己性格的了解越深入，运用它支持我们发展的效率也就越高。

当然，这需要我们拥有这样的理念：性格是能驾驭的，不是用来当作拒绝或放弃改变的理由的。我做不好一件事不是因为性格问题，而是我在能力上还没有准备好而已。

性格差异只能说明人与人生而不同，并不能说明或预示人与人之间的能力差异。能力的习得更多地依赖于后天的努力，而这就涉及对先天资源如性格、天赋、智商等的发现和有效利用。

我们需要做的是努力把性格作为自己成长的资源，而不是让性格约束自己成长。

# 第 7 章　如何了解自己的性格

## 7.1　相信反思胜过问卷或大师

"人们总想以省去过程辛苦的方式，到达目的地（People want to arrive without the experience of getting there）。"很多人喜欢直达结果。但很多时候，简单的结果毫无意义。

网络上一度流行 MBTI 测评和"大师"。一个人只要花几分钟答完一份问卷，就能得到一个由四个字母组成的结果。对于这个结果，不同的机构、网红或"大师"会给出各种花哨的描述。如果一个人想"深入"了解相关信息就需要付费。

把这些当作好玩的游戏用于消遣，当然是无所谓的。但如果真的相信它，应该很难收获了解自己的性格应该得到的价值。

其中的原因很简单：无论是问卷还是"大师"，都不能告诉除自己之外的任何人的 MBTI 性格倾向到底是由哪四个字母组成的。

自我觉察和反思才是了解自己性格倾向的唯一出路。

只要意识到以下两点，我们就能理解为什么是这样的。

其一，MBTI 的理论基础是基于"性格是与生俱来的，终其一生也不会改变"这一假设的。它告诉我们，要想了解自己的性格就需要找到那个"与生俱来"的东西。

其二，无论我们在任何情境中表现出任何行为，反映的都是我们的能力。而这个能力与性格倾向是否一致，不仅外人难以了解，很多时候，我们自己也觉察不到。其中的原因，是我们的行为会受到环境和习惯的影响：一个整个职业生涯都从事文字校对工作的人，使用 ISTJ 四个倾向上的能力是他一生的习惯。这种长期使用特定能力的习惯，会让他无论是在问卷测评中还是在被人询问时，都会很自然地选择 ISTJ 的答案。而事实上，他的那个"与生俱来"的性格完全可能是 ENFP。

所以，我们不要指望通过回答一份或多份问卷，让它告诉我们自己是什么性格倾向。关于这一点，我在前面的文字中已经作了一些说明，在这里还是想再次强调一下。任何一种主观问卷，无论它是关于性格的还是关于其他各种能力的，其本质同在你对面坐了一个人向你提问，然后将你的答案记录下来是一样的。那些答案只是你心中所想，而且很可能只是当时所想。准确地讲，它们所能反映的只是你在回答问题时对那些问题的偏好。那些答案，当然也有可能反映出那个"本来"的你，但别太依赖它。

需要说明的是，尽管问卷不能给我们答案，但高质量的问卷依然是有价值的，只是我们需要正确地看待和使用它们。高质量的问卷常常能够结构化、体系化地提出问题，促进我们思考。这就好比我们请了一个高水平的教练来给我们提问，推动我们反思一样。因此，对于高质量的问卷，只要我们能够正确地使用它们，其价值还是非常高的。

此外，我们也别指望别人告诉自己是什么性格倾向。与我们互动的任何人看到的其实都只是我们的行为表现。这些行为表现本质上都是我们的能力体现，而且有可能是临时的。比如我们突然生气或十分动情，也许是我们当时想通过生气表达自己的愤怒，或通过情感影响他人。这些行为表现并不一定就能反映出我们的性格特征。即使是基于我常常提到的"多人的主观形成一定程度的客观，长期的主观形成一定的客观"的基本原理，与我们长期相处的很多人都看到了我们的行为范式或特征，那也不一定就是我们真正的、与生俱来的性格的表现。准确地讲，他们只是在与我们相处的那段时间里，看到了我们的某种行为范式而已。正因如此，很多人才常常会给不同的人留下不同的印象。比如，一个人在同学面前是活跃的、善解人意的；在家人面前却是内向的、爱乱放东西的；在同事面前是结果导向和做事严谨的……那么，到底是同学给出的那些词汇反映了这个人的性格，还是同事给出的那些词汇反映了这个人的性格呢？即使他从所有词汇中做了选择，这些选择是基于好面子做出的，还是基于他对自己真正的了解做出的呢？

要想了解自己的性格，唯一的出路是靠自己。如果假以自我观察和反思，辅以足够的思辩力，就没有人会比你更了解你。

最后值得提醒的是，我们在发现自己的性格倾向的过程中，还要充分意识到认识自己的难度。由于我们的行为表现在本质上反映的都是我们的能力，当我们的能力发展到足够均衡、运用的习惯也无差别时，我们常常就需要付出更多的努力观察自己，而且要更加深入地了解自己内心的"偏好"，才有可能找到真正属于自己的那四个维度上的"与生俱来"的性格倾向。设想一下，如果有一个人的左右手都只有提东西的能力，而且力量一样大，使用的习惯是这一次左手、下一次右手，那么他想知道自己到底是"左撇子"还是"右撇子"，就可能变得相当困难。

当然，如果一个人能够发展成这样，而且在能力的继续提升上也感受不到效率和心理压力的差异，那么是否了解自己的偏好也就不再重要了。

## 7.2　从发现过程到应用过程

用长期、深入的觉察和反思发现自己的性格倾向，再用长期、持续、深入的觉察和反思拓展自己。这是一个始于发现、终于应用的过程。

由于性格倾向是"与生俱来的"，所以能够让它们自由呈现的理想情境应该是没有外力干预的。因此，了解 MBTI 性格倾向的最好方法就是去"观察"自己在没有任何外在压力的情况下，在行动上的偏好。

还有一种情况也可能"暴露"我们的性格倾向，就是在极端压力下的情况。通常，当我们在极端压力下时，本能或天性就有可能主导我们的行为——当然，相对于"没有任何外在压力的情况"，这种情况的可靠性要差一些，因为我们一直在追求驾驭本能，也就是用能力处理极端情况，而对能力的使用就有可能让性格倾向无法主导我们的行动。

但无论是没有任何外在压力的情况，还是将我们的本能激发出来的极端情况，都依赖于我们对自己的细致观察和反思——因为只有我们自己知道什么是"没有外在压力"的状态，什么是"将我们的本能激发出来的极端情况"。

在具体做法上，我们可以先理解一种性格理论的框架，然后用这个框架开启对自己的观察和反思，并在观察和反思的过程中用思辩力加以判断。比如，在 MBTI 性格倾向的自我发现中，更合适的做法是给自己就 MBTI 涉及的四个维度提出尽可能多的问题，然后让自己以这样的心态来作答：

> 如果我没有任何压力，也没有任何要达成的目标，我会如何选择？

比如，在能量（E–I）维度上，会有这样的问题："当你与同学聚会时，你是更喜欢他们带新朋友过来，还是最好只有你的同学参加？"当看到这个问题时，就想象一下，如果你没有任何压力，比如怕同学在意（如果这是你本能的反应，这一点有可能反映出你在决定（T–F）维度上的 F 倾向），也没有任何要达成的目标，比如自己想借机认识新朋友等，你会选择哪个做法呢？这样给出的答案，也许能够反映出你在能量（E–I）维度上的倾向。

如果你有一份 MBTI 问卷，对于其中的每一个问题，最好也能够以这样的心态进行回答。与此同时，对于这些问题也不要"一做而过"，而是持续思考它们。比如，你可以保存好一份 MBTI 问卷，过段时间，尤其是自己换了工作或者感觉能力有所提升，或者做事习惯有所改变之后，再用同样的心态做一遍。然后将答案与上次的答案进行对比，并继续对每个问题，尤其是对那些在两次回答中不一样的问题进行深入持续的反思，就更有可能发现自己的性格倾向。

通过反思自己做事的模式，以及不同做法下的压力和情绪状态来发现自己性格倾向的"过程"，远比简单地得到一个性格倾向的"结果"重要。

因此，用好一张 MBTI 问卷的最好方式，是在不同的时间，把其中的每个问题当作推动自己发现真正性格倾向的触发点，并用那些熟悉的问题给自己提出更多类似的、更加符合自己情境的问题来。保持这种思考，我们就能够不断加深对自己的了解。

另外，还有一种有助于发现自己性格倾向的做法，就是对自己在极限状态下的反应进行反思。无拘无束时，我们的天性容易得以释放，同样，高压之下，我们的本性也会被触发。在极限状态下，一个人做出的反应常常会含有更多的本能的成分。因此，思考自己在高压状态下的行为模式也是有助于了解自己的性格倾向的。

事实上，只要我们对能力与性格的关系有深入的思考，同时对任何一种逻辑自洽的性格理论或工具（比如 MBTI）有准确的理解，我们是完全可以不依赖任何工具就可以通过自我观察和反思发现自己的性格倾向的。

当然，这些观察需要建立在所选择的性格工具的框架上，如建立在 MBTI 提出的四个维度上。情境越多越好，时间越长越好，观察越细致、越深入越好——这听起来就分别是 S 能力和 I 能力。如果一个人觉得在很多情境中做到这些需要自己付出更多的努力，那他在这些方面就可能提示具有 N 倾向和 E 倾向。

几乎任何时候的任何情境都适用于对自己 MBTI 性格倾向进行觉察和反思。比如，当我坐在北京的一个商场里的星巴克咖啡厅写这段文字时，我就可以在 MBTI 的四个维度上观察自己并进行反思。

在能量维度上，我是更容易沉浸在自己的写作世界里（I 倾向），还是更容易被身边的人或事，甚至商场的音乐、窗外的街景所吸引（E 倾向）？我在写这些文字时，是想追求深度（I 倾向），还是希望涉及的面广一些（E 倾向）？我的注意力是更多地在自己的内心世界（I 倾向），还是在身边的外在世界（E 倾向）？

写完这段文字，甚至我也能从中获得反思：如果我是很自然地、下意识地把 I 倾向的内容写在前面，而将 E 倾向的内容写在后面，那么这样的素材依然可以用来自我反思。

在信息维度上，我一样可以观察和反思自己：我写每段文字的时候，是更喜欢按既有思路写下去（S 倾向），还是经常想到新的内容（N 倾向）？我是更喜欢按顺序写下去（S 倾向），还是经常查看整体，比如字数和页数达到了什么规模、各章节之间的逻辑关系是否合理（N 倾向）？在内容上，我是更喜欢或不自觉地关注某个部分的细节（S 倾向），还是更愿意思考不同部分之间的关联（N 倾向）？

以插播的方式说明一下：不要太快下结论！更不要看了我写的这些内容就猜测我。要知道，无论我的性格倾向是什么，我都是在用能力写作！

我当然也可以在这个情境里观察自己的决定维度。刚刚我在询问店员纸巾在哪时，店员的态度不好，但最终我顺利拿到了纸巾。在这个互动中，我是以一种服务的规则去评价对方（T 倾向），还是更容易想到对方今天心情不好（F 倾向）？我一会儿要去见一个客户，我更喜欢与他寻求价值观上的共鸣（F 倾向），还是就事论事地讨论问题（T 倾向）？

在生活方式维度上，我一样可以观察和反思自己：在写这段文字时，我会不时地或暗暗地想着与客户预约的时间，并会设定闹钟或不时地看表（J 倾向），还是更倾向于认为时间足够长，我到时肯定会记得的（P 倾向）？我出发时，是更喜欢留出充裕的时间，哪怕提前到达等待对方（J 倾向），还是觉得"来得及"而晚出发，最后"险些迟到"（P 倾向）？

我们可以在任何时候、任何情境中去做类似这样的自我觉察和反思。情境越多、越丰富、越多元，练习的时间越长，我们就越有可能找到自己那些"与生俱来"的性格倾向。

这个发现性格倾向、寻找性格类型的过程，就是一个不断深入了解自己的过程。它的价值，远远胜过简单地得到一个由四个字母组成的"结果"。

在经过一段时间后，我们可以为自己暂时确定一个性格类型作为"结果"，然后继续前述的自我觉察和反思，一边"验证"，一边探寻。直到逐渐确认了自己在四个维度上的每个倾向，我们就知道自己的性格类型了。

知道自己的性格类型不是终点，而是我们开始用它作为资源发展自己的起点。

正如前面已经说过的那样，了解了我们的性格类型，我们也就知道了自己的学习偏好。接下来，我们就可以结合用 MBTI 描述的个人发展愿景，充分用好自己的学习偏好了：一方面，持续提升和强化已有的能力，另一方面，拓展那些在某些维度上还不够强的能力。与此同时，我们还可以通过驾驭自己的学习偏好，让自己在每个维度上的能力都可以在任何情境中高效地得以提升。

应用的过程就是一个有意识地运用能力、管理压力并持续学习的过程。

在 MBTI 这一流行工具的使用上，最高阶的应用方式不是记住自己的性格类型，然后去判断他人的性格类型，之后再预测和设计各种"应该做的""有效的"互动方法，而是在做事或与人互动中，观察自己和对方的言行在不同维度上与不同性格倾向的关系，运用能力驾驭自己的性格倾向，管理自己的心理压力，通过持续学习达成想要的结果。

举一个我拜访客户的例子来展示这些应用的过程并说明其价值。在拜访中，如果我想把 MBTI 作为工具，帮助我提升拜访过程中对客户的影响，我就会如下这般展开观察，并及时调整自己的应对策略。

**客户问**：能简单介绍一下软实力工场吗？

（我的观察和思考：对方在运用 E 能力，想多听听以更多地了解我们；而我需要以 E 能力去应对，同时注意在内容上使用 N 能力，以保持客户要的"简单"，于是……）

**我**：我们是一家长期服务于世界顶级公司的，专注于如领导力、影响力、团队效能等各类软实力训练的公司……

**客户打断我**：我不想听这些笼统的介绍，就直接说说你们都给我们这种类型的公司提供过什么样的服务吧。

（我的观察和思考：对方用 T 能力打断我，我一方面需要用 F 能力来理解他的做法，另一方面得用 T 能力尽量客观地介绍我们的经验。同时我也意识到，如果我是 F 倾向的，那么对方的这种打断可能会给我压力，影响我的情绪。对此，我需要注意调整和管理自己的压力和情绪。另外，我还不能判断他是想大概了解还是想了解细节，所以先用 N 能力讲个大概再说吧。）

**我**：对，XXX 公司就是与你们高度相似的企业，我们为其提供过领导力发展项目、高潜人才培养项目等服务……

**客户**：在领导力发展项目上我们有全面的体系。跟我讲讲你们的高潜人才培养项目都是什么做的吧。

（我的观察和思考：对方在使用 I 能力"深入地""考"我。我是否有办法让他放松一些，看看他能不能用 E 能力多提供信息，并给我观察他的性格倾向的机会？为达成这个目标，我需要使用 T 能力。另外，他似乎想了解细节，这说明他也在运用 S 能力，所以我得用 S 能力回应他。）

**我**：每个项目都有独特的地方。不知道咱们公司的高潜人才是如何定义的？他们都在哪些层级上？

（我想看看他在 E 倾向上的表现，了解一下他是更喜欢用 I 能力去"听"，还是更喜欢用 E 能力去"讲"。此外，如果他讲，我也可以观察到他讲话时会更多地在与 E 相关的"广度"上，还是更多地在与 I 相关的"深度"上。他在表达自己的想法时，是与 S 相关的更具象，还是与 N 相关的更宽泛或更抽象……）

**客户**：我还是想先了解一下你们的经验。

（我的观察与思考：对方对自己的目标十分坚持，而且不会因为照顾我的感受而回应我的提问，再次表现出很强的 T 能力。如果我了解自己是 F 倾向的，就知道对方持续的这种 T 倾向的沟通方式会给我压力。这样我就可以更有效地管理压力和情绪。同时，我也观察到，客户似乎也在用 I 能力和 S 能力，在往深度和细节上"钻"。我得以 I 能力和 S 能力适度回应，同时观察他对多深的 I 能力和多细的 S 能力感兴趣，在回答时要把握好深度与细节。）

……

我就不再写下去了。我只想通过这个例子，说明一下 MBTI 性格类型在实际应用中的点滴，并再次强调，了解性格不是为了给自己和他人贴标签，更不是要用它来"预测"或"规划"人的行为——除非失控，我们绝大多数人的言行都是能力的体现，而那些能力并不一定能够体现出我们的性格。

同时，在理想状态下，这样的应用应该没有止境，是一个值得我们一生坚持的过程。

## 7.3 "结果"的价值

尽管我在前面强调了两个过程（发现过程和应用过程）的重要性，但那并不意味着我们关于性格类型的"结果"没有价值。事实上，那个由四个字母组成的"结果"，如果我们能很好地使用也是很有价值的。

对于性格类型这个"结果"的最重要的应用，就是把它当作自己心理的"家"。

对于大多数人而言，家是自己休养生息的地方，是我们获得能量的所在。我们的性格类型就是我们心理的"家"。

拿一个性格类型为 ESTP 的人举例。当他能够按 ESTP 的风格行事时，相对于按其他任何 MBTI 的性格类型而言，他的心理压力更小，在学习上也更有效。当然，这并不意味着他做事的结果甚至是效率会更高，因为也有可能他在 INFJ 上的能力比在 ESTP 上的能力更高。这种情形的出现，最可能的原因就是这个人在成长过程中很少有机会按自己的性格倾向发展能力。

但无论如何，当他能够按自己的 ESTP 风格行事时，他的心理压力相对会更小，学习效率也更高。这种状态就相当于我们回到了那个能够让自己放松并按自己的偏好做事的家：我们会没有心理压力，而且享受所做的一切。

假设这位 ESTP 性格的人做的是一份 INFJ 的工作，比如在工作中要长时间一个人阅读艰深的理论（IN 能力），与人互动时为体谅他人可能需要放弃自己坚守的准时原则，还要安慰开会迟到的同事（F 能力），工作时需要严格遵守非常详细的计划（J 能力）。一天下来，他所使用的都是逆自己性格倾向的能力。

如果他了解自己的性格倾向，那么在工作之余，就可以用 ESTP 的方式给自己快速"充电"：下班后可以去参加轻松的聚会或者与同样 E 倾向的人在一起（E 能力），聊一些当下的趣事或者看一场能够大喊大叫的、感兴趣的体育比赛（S 能力），所选择的环境、相处的朋友都能够让自己直接表达意见，不用太在意他人的感受（T 能力），在各种安排上随性即可（P 能力）……总之，就是他要么与 ESTP 的"同类"在一起，要么进入 ESTP 的外部情境里。

这样对他恢复能量、平复心理压力等都是非常有益的。

以上做法还可以细化到更短的时间里。为了说明这一点，我继续从 MBTI 的四个维度进行举例和说明。

比如在能量维度上，一个 I 倾向的人正好做了一份需要与人打交道的销售方面的工作。他可以在每次用 E 能力拜访客户并与对方做了很多互动之后，找一个地方喝杯咖啡独处，让自己沉浸在内心世界里。这般顺应自己 I 倾向的做法能够很好地帮助他恢复能量。相应地，一个 E 倾向的人，在用 I 能力独自完成一个业务报表后，可以到外面去走一走，或者加入到闲聊中，通过这些顺应 E 倾向的做法，他也可以快速恢复能量。

在信息维度上，一个 S 倾向的人在用 N 能力参加了坐而论道、全程充满抽象词（如"底层逻辑""垂直矩阵""对齐颗粒度""解耦"）的会议后，可以回到具象世界中来，哪怕花点时间欣赏一下自己手中的茶杯，也是一种回到自己的 S 倾向的做法。这样一来，自己处理信息的注意力就回到了自己的偏好里，压力也随之减轻。一个 N 倾向的人在用 S 能力与财务人员核对各种数据之后，也可以快速地回到 N 倾向中来，比如想象一下明天生活的各种可能就可以让自己更轻松些。

在决定维度上，一个 T 倾向的人在用 F 能力"讨好"自己的客户之后，可以考虑回到自己的 T 倾向中来，做一些完全符合自己原则的事情，比如对自己的"供应商"严肃地提出要求——这可以解释为什么一个 T 倾向的经理，在被上级训斥且用 F 能力强装笑脸之后，会对自己的下属没有好脸色（回到 T 倾向，运用 T 能力）。一个 F 倾向的人在用 T 能力与同事进行了坚持原则的"辩论"后，可以回到 F 倾向找一个值得信任且善解人意的人说说自己的感受——这是为什么一个 F 倾向的人在据理力争或受了委屈之后，会找人倾诉。

在生活方式维度上，一个 J 倾向的人在用 P 能力处理了一件完全没有章法的事件后，完全可以回到自己的 J 倾向中来，完成一些排在计划中的事情；一个 P 倾向的人，在用 J 能力严格处理完一台设备的问题之后，可以给自己留些自由时间随意安排，以让自己回到 P 倾向进行休息。

所有这些都是我们知道了自己的性格类型的"结果"，然后把它当作自己心理之"家"的应用。

这就是知道自己性格类型的"结果"所带来的价值。

# 第 8 章 　让能力而非性格决定命运

能力决定命运，性格影响能力习得的效率。因此，除非驾驭性格，否则性格将决定命运。

一些人在奋斗的过程中，先以驾驭性格的方式用能力赢得了"空间"，并因此有了按自己的性格倾向行事的"自由"——然后，性格就再次俘获了他们，决定了他们的命运。

对于大多数人来说，因为社会和生存的需要，他们总会先发展相应的能力——无论这些能力是建立在自己"与生俱来"的性格倾向上的，还是在逆倾向上的。比如，一般的社会及家庭教育都会训练我们在 ESTJ 倾向上的能力以适应生存的需要。

无论是在家里还是在学校，我们都会被教育"要多与人打交道，多交朋友"，这显然需要 E 能力；无论是在家里做家务，还是在学校学习，我们总会被提醒要"认真仔细"，这当然需要 S 能力；我们一样要学习理性地依照家里、学校及社会的各种规矩做决定，这是对我们 T 能力的训练；在生活方面，我们也需要在很多方面学习做计划，按计划做事，让自己的生活和学习变得井井有条，这明显是对我们 J 能力的训练和要求。

从这个意义上讲，ESTJ 倾向上的能力是多数人在社会中的基本生存能力。除了天才，如果缺乏这些倾向上的一些基本能力，个体的生活可能会有很大麻烦。

性格对我们的影响是潜意识的，而且影响力十分强大。

在很多情况下，如果我们所使用的能力是建立在自己性格的逆倾向上的，那么在那种能力能够"应付"相应的情境并为我们赢得一些空间后，我们就会下意识地、很自然地开始使用与自己的性格倾向一致的能力。这种力量十分强大，如果我们不努力觉察常常意识不到。

举个例子，一个 INFP 倾向的人同大多数人一样，在成长的过程中，会被要求并训练一些基本的、能够适应社会的 ESTJ 倾向上的能力。但是，他的 INFP 倾向上的能力常常会在其 ESTJ 倾向上的能力达到基本要求后，影响他发展和使用 INFP 倾向上的能力的意愿。

比如，他去参加一个聚会，很可能会在用 E 能力与其他人完成必要的寒暄之后，就很自然地将注意力转向自己的内心世界，思考自己喜欢的问题——这是他的 I 能力作用的结果。

不仅如此，当别人问他为什么不多与大家聊聊时，他甚至还会用 I 能力作为理由："我这人内向，不擅长与人聊天。"

在工作中，当他准备向上级汇报工作的材料时，在用 S 能力做到自己认为上级需要的细致程度后，就会"放过自己"，去用 N 能力做一些与自己的 N 倾向一致的事情，比如考虑汇报材料的整体效果，或想象接下来的汇报场景等。

与此相同，在后来的汇报中，当他被上级问到自己没准备的细节时，也可能会在内心对自己说："没办法，我就是个 N 人，原谅自己吧。"

如果他是个经理，那么在工作中就需要用 T 能力对员工做得不好的地方给出负面反馈。在这种情境中，由于自己多少拥有一定的选择空间，他的 F 能力常常会推迟他给出负面反馈的时间。这种现象，很容易在 F 倾向的初级管理者身上看到，尤其是当他们需要做出让低绩效员工离职的决定，但自身的 T 能力又不足时。

最后，他自身的 P 能力会在他的生活和工作中"见缝插针"地对其施加影响。比如在上学时，只要用 J 能力完成了学校规定的各种计划，他就会顺应自己的 P 能力而选择"随遇而安"。

在这方面最有趣的例子之一就是谈情说爱了。

假设有一对性格类型完全对立的情侣，男生是 ENTP，女生是 ISFJ。

在热恋时，两个人都会进入 ESFJ 这个"房间"来"约会"：愿意聊天，甚至主动找话题（E 能力）；注意细节，两个人见面时都打扮得干净整洁，而且对彼此的观察也很细致，甚至能够捕捉到对方的细微表情并做出合适的反应（S 能力）；相互之间都很体贴，为对方着想，能理解对方（F 能力）；约会时都很准时，一切都安排得井然有序（J 能力）。

结婚之后，随着氛围的松弛，双方就又回到自己性格类型的"房间"了：男生还像以往那样爱说话（继续使用其 E 倾向的 E 能力），但女生却可能觉得有些烦了（回到其 I 倾向，更愿意沉浸在内心世界）；女生还是那么注重细节（继续使用其 S 倾向的 S 能力），但男生开始对很多东西"视而不见"了（回到其 N 倾向，更愿意用自己的 N 能力生活，甚至还会试图说服女生，"家里嘛，差不多就行了，别太在细节上较真"）。在家里，男生说话越来越直接，甚至会对女生注重细节方面明确表示不满甚至提出批评（回到其 T 倾向，更愿意按自己的原则用 T 能力做事，不在意他人的感受）；而女生则很受伤害，觉得自己的细心和对爱人的好得不到理解（继续使用其 F 倾向上的 F 能力）。不仅如此，女生的 I 倾向还会让她想得更深入，但她也不想表达。而男生的 E 倾向又会加大他用 T 能力指责女生的力量和广度，甚至他的 N 倾向上的 N 能力，还会让他由一件小事联想到很多其他的事。而女生的 S 倾向上的 S 能力会把这一切细节尽收眼底……这样一来，男生的 ENT 综合表现为直接指责（T）、从一件小事扯到更多事情，甚至总结出规律"你总是这样，你就是这种人"（N 能力），说得停不下来（E 能力）；而女生则把对方的每个表情、每个用词都捕捉到了（S 能力），觉得对方即使有理也不应该这样不照顾自己的感受（F 能力），而且越想越深入（I 能力）……一个人的无意，就是这样深深地伤害另一个人的。

在 J—P 维度上，女生喜欢家里的一切都井井有条，什么东西放在哪里，用后马上归位，而且喜欢收拾（继续使用其 J 倾向上的 J 能力）。而男生则乱放东西，不收拾，东西用后随手一放（回到其 P 倾向，更愿意用 P 能力过随遇而安的生活）。生活在 ISFJ "房间"的女生将这些看在眼里，默默收拾。如果她没有明确表示不满，其回到 ENTP "房间"的爱人就会对此"视而不见"，甚至完全无感。

这个例子，可以解释为什么很多人会觉得，自己的配偶在结婚后与恋爱时相比像"变了一个人"——恋爱时，双方都去 ESFJ 这个"房间"约会，但结婚后就会回到自己的"家"。

当然了，如果两个人珍惜爱情并懂得经营，就会驾驭各自的性格、拓展各自的能力，让自己永远拥有足够的 ESFJ 倾向上的能力，至少会不时地在 ESFJ 这个"房间"中约会，而且每次约会都能够让感情得到升华。

这就是驾驭性格、拓展能力的价值。

在职场上也一样。在前面的章节里，我描述了理想的管理者的晋升路径：一个人进入职场后既需要 ESTJ 能力，又需要不断地保持和强化它们，同时也要拓展自己的 INFP 能力，最终做到所有倾向上的能力都足够强大。

以上状态只有少数极为优秀的管理者能够达到。他们达到了通过驾驭性格，用能力决定命运的理想状态。

多数人最终都会陷入"性格决定命运"的宿命。一般而言，一旦你的性格倾向开始左右你使用能力的倾向，你的职业生涯前景就会变得暗淡。

很多人在用能力为自己赢得一点空间后就把自己交给了性格。如果一个人还沉浸在用符合性格倾向的既有能力做事带来的舒适中，不愿意适度为难自己，去发展那些与性格倾向不一致的能力，他的职业生涯就会止步不前，性格就会决定他的命运。

荣格说，如果我们不能把潜意识上升到有意识，潜意识就会主导我们的生活，那就是我们所称的命运。性格，如果不被觉察和认知、不被驾驭，就会在潜意识中主导我们的生活，决定我们的命运。

只有把性格作为成长的资源，我们才能逃离性格决定命运的陷阱，才能用能力决定我们的命运。

# TIME

# 第 2 篇

# 时间影响力

# 第 9 章  人际影响的投入与产出

在如何为"时间"这个最为重要的主题命名上，我花费了很多时间。

我不想把它称作"时间管理"，因为它不能很好地表达我对时间的理解。而且，传统的时间管理似乎都建立在孤立的个体运用时间的假设之上，而我想强调的，是人们在互动中对各自运用时间的效能造成的影响。我见过太多的人，他们沉迷于时间管理的各种工具，喜欢对自己的时间做各种规划，但一旦有人介入他们的生活或工作，那些完美的时间规划就被击得粉碎。

为什么有的人加入一个团队后效率会变低，而有的人却能够在团队中让自己的效率成倍甚至呈几何级数地提高？

时间是我们影响别人时的投入，也是我们期待的产出：我们花时间去影响他人，为的是对方愿意投入他们的时间帮助我们提升效率和品质——就像我花时间写这些文字，是想赢得你花时间来读它一样。

人是社会性动物，只有将我们的时间置于人际互动的情境中，将它作为影响他人的资源投入和产出，时间的有效运用才会成为可能。

只有当我们从人际影响的视角，把时间作为一个核心要素，来审视我们对时间的运用时，我们才能够看到时间管理更丰富的内涵。

当我们独处时，时间的运用也可以采用人际影响的视角吗？答案是肯定的：我们可以用心里的那个理想的自己，与那个真正花费时间的自己进行互动，看看"他们"之间是如何把时间作为一种资源来对彼此施加影响的。

我们投入时间影响彼此，然后收获彼此使用未来时间的方式——时间既在当下，也在未来。观察和思考这一切，不仅会让我们的思维充满挑战和乐趣，也会让我们的时间更好地服务于生命质量的提升。

这是我最终把这个主题确定为"时间影响力"的缘由。

## 9.1 既是投入，也是产出

时间，既是我们对自己和他人施加影响的重要资源，也是我们追逐的目标。它是影响力的基石。

为什么有的人加入一个团队，通过与人协作能做的事就变多了，并且无论是效率还是产能都得到了提升？对于这些人而言，他们每天的"时间"似乎变多了。而为什么有些人在加入一个团队后，自己的效率变低了，即使延长工作时间、不断加班，也总是完成不了工作？对于他们而言，每天的"时间"似乎变少了。

为什么有些职位并不算高的管理者，自己忙得要命，下属却闲得慌，或是把下属也弄得忙乱不堪？

为什么有些身居高位、责任重大的管理者，却镇定自若、指挥若定，几乎不用加班，也能够把事情处理得井井有条？

为什么即便是同一个团队、同一种职能，有的管理者能把团队带得紧张忙碌但效率低下、绩效不佳，而有的管理者却能够让团队工作得节奏合理、高效有序、绩效出色？

他们都一样，每天只有 24 小时。

他们的不同，在于优秀的管理者能将时间视作最宝贵的资源，把它融入人际互动中，既将它作为影响他人的投入，也将它作为影响他人的产出。他们投入时间影响他人，在"做正确的事"上进行有效决策，不仅只让最重要的事情占用自己的时间，也只允许与团队目标和价值创造相关的事务占用团队成员的时间。在"正确地做事"方面，他们影响团队运用时间的方式，在高效协作中处理事务以提升效率。

拉姆·查兰（Ram Charan）在《领导梯队：全面打造领导力驱动型公司》（*The Leadership Pipeline：How to Build the Leadership Powered Company*）中指

出，领导者（我认为是每个人）的每一次晋升都是一次领导力转型。这种转型常常需要从以下三方面展开。

- 工作理念——更新工作理念和价值观，让工作聚焦重点。这一点的核心就是"做正确的事"。
- 领导技能——培养胜任新职务所需要的新能力，提升领导力。
- 时间管理——重新分配时间资源，决定如何高效工作。这一点的核心就是"正确地做事"。

当我们站得足够高，就可以把一切都纳入其中，包括上面提到的领导技能。所有的领导技能，本质上都是既要体现出良好的决策能力，以确保"做正确的事"，还要不断提升做事的效率，从而"正确地做事"。

## 9.2　截止点是生产力

我们年轻时会觉得时间有的是，人生长得很，因而容易浪费时光；而我们变老后就会自然地感觉时光短暂，言行间会有一种紧迫感。关于这一点，有时候我甚至在想，很多老年人言行中常会表现出"着急"的状态是否也与这一点有关？

人生的这一现象是很有意思的，它说明我们在潜意识里都对自己的人生有一个"终点"意识。这个"终点"意识，本质上就是对时间上的"截止点"的认知。它会在很大程度上影响我们的行为方式。

任何事情都有其截止点，包括我们的生命。或许，这正是"截止点是生产力"（Deadline is productivity）这句谚语的由来。截止点的设定，需要我们拥有 P–W–T 三角模型（详见第 12 章）提供的全局视野，拥有时间段和时间点的明确观念，并对时间的流逝特征有深刻的理解。在这个基础上，时间就将成为影响我们行动的根本要素。

当我在两年前开始这本书的规划和写作时，我给自己确定了截止点并将其明确为 2022 年。我想将我的成果做成给软实力工场的十周年生日献礼。但遗憾的是，我让这个截止点变成可更改的了：我用各种理由为自己开脱，将写作一再拖延。在这种情况下，时间无法发挥其影响力。

我知道，只有我为完成这本书确定真正的截止点，让自己清晰地看到自己只能在"重新写作到截止点"之间的时间段里完成书稿，时间这个最重要的要素才会让我真正付诸行动。而在我把这件事真正纳入这个时间段里并决意将时间用于其上时，我就会想方设法通过"十字互动论"（详见第 16 章）影响身边的人，以确保自己在写作上拥有足够的时间。不仅如此，我还会在必要时设法将一些平时自己要处理的事务交给别人去完成……这一切都体现了时间对我所发挥的强大影响力。

# 第 10 章　时间即生命

时间就是生命。时间只对活着的人有意义。

时间是我们生命最基本的表达，也是最宝贵的资源。一个人只要活着，就意味着他有时间，时间对他才有意义。同时，他通过努力（而非继承）获得的一切，无论是内在的能力还是外在的名利，都建立在对他所拥有的时间（也就是生命）的消耗上。

时间只会单向流动，速度恒定，像生命一样不能回头，也不可储存。因此，一个人越早认识到时间的极端重要性，越有效地利用好自己的时间，就越有可能达成自己想要的目标，收获想要的人生。

一个人越早将时间置于人际互动中进行管理，将其作为影响他人以提升效率的资源和能力，越能够放大时间的效率，在同样的时间段中创造更大的价值。

时间才是影响我们生命质量的最基础、最核心、最重要的资源。

我们的生命都是用时间来度量的。一个人能够在世界上存活多久？回答这个问题的标尺是时间。我们拥有的全部资源也常常需要用时间来衡量。一个人在三十岁左右就能够收获成功，而另一个人可能活到百岁也一事无成，其中的差距，就是以时间作为分母的效率来衡量的。

最理想的人生就是将时间应用得最充分的人生：人生足够长，质量足够高。质量——很多时候我们也可将其称作幸福的感受——也是用时间作为分母，将生命中个体所看重的收益作为分子来衡量的。

时间无处不在地存在于我们的生命里。它是我们生命质量最重要的维度。

# 第 11 章 时间运用在职场上的"升级"

一般而言，在职场中，随着层级的上升，人们对时间的运用常常表现出以下几个特征。

## 11.1 从"浪费"到"珍惜"

就像年轻时不免会觉得无所事事，有时需要把时间"打发"掉一样，在职场的底层，员工中常有浪费时间的现象。这种浪费的表现多种多样，最直接的就是被称作"摸鱼"的工作状态。在这种对工作时间的浪费里，员工的形神是分离的，他们朝九晚五，甚至加班，但心思不在工作上，而在自己想做的事情里，比如在线购物、聊天等。略微间接的时间浪费则表现为无法把工作做到合格的程度，或者把走流程当作工作本身。这种浪费时间的方式与"摸鱼"有所不同，"摸鱼"多少有些故意为之，而把走流程当作工作本身则是有明显的能力或认知缺陷。

一般地，随着职位的提升，人们会更加珍惜时间。其中的一个原因，可能是职位更高的人其单位时间价值变高了。此外，也可能是工作变多，浪费时间只会让他投入更多。

我很少见到不珍惜时间的高级管理人员。当我与他们见面时，我总能体会到他们强烈的时间观念及很高的利用时间的效率。他们能够没有任何"滞留"地从一个场景或任务快速切换到另一个：上一分钟在高管会议中与人争吵得面红耳赤，下一分钟就激情洋溢地出现在员工大会上；刚刚还在严厉地指出下属工作上的失误，此刻已经对来访的官员笑脸相迎。他们是运用时间管理自己和影响他人的高手。没有对时间的珍惜，这一切将无法成为可能。

## 11.2　从"做什么"到"不做什么"

我的一位年轻有为的高管学员，四十岁出头就成为一家世界顶级跨国公司中国区的二把手。在他最近一次升职约两个月后，我问他这次升职后最大的体会是什么。他说，这次升职给他带来的最大改变之一，就是明白了必须把时间只用到与目标相关的工作上去，凡是与目标无关的都不能花时间，否则自己会"被累死"。

还有一次，我去拜访另一行业中某世界顶级公司的副总裁，其间我们聊到时间及优先级管理的重要性，以及它们与领导力之间的关系。这个在员工中有"工作井然有序""从不忙碌"之名的副总裁说，在工作中，我们所学习的大多都是"要做什么"，很少去学习应该"不做什么"。但事实上，在职场上到了一定层级后，学习"不做什么"是非常重要的。只有真正做到不仅清楚应该"做什么"，也明白"不做什么"，才能够把时间和精力投入到最重要的事情上去。

时间运用方式在职场中的这些变化，对我们有何启示？

很简单，它提示我们要不断调整自己运用时间的方式。学习什么才有可能成为什么：我们可以在当下的级别上，先出色地做好工作，同时以更高级别的规格要求自己。比如，如果我是普通员工，一方面要避免浪费时间，深入理解本职工作应该创造的价值，并出色地做好工作；另一方面要努力像比我至少高一个级别的人那样去运用好时间。这样，我才可能为自己的升职在时间管理的能力上做好准备。

# 第 12 章　P-W-T 三角模型： 关于时间的"上帝视角"

## 12.1　我们拥有时间，但它终将被事情耗尽

我刚刚进入软实力训练这个领域时，曾经学习过一个关于时间的基础模型。这个模型可以为我们提供从时间角度看待人生的上帝视角。

这个 P-W-T 模型很简单，如图 12-1 所示。

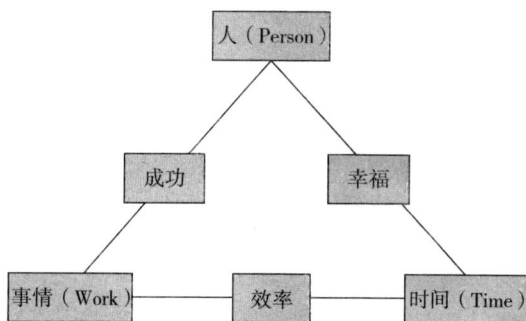

图 12-1　P-W-T 模型

这个模型之所以重要，是因为它涵盖了我们生命中最重要的三个要素。我们的生命就是由人、时间、事情三者相互作用而成的。

我们每个人的生命长度是由一段时间来定义的，但这段时间自我们出生起就一直"匀速"地流逝，无法暂停，更不能储存。

从广义上讲，我们拥有的每段时间，都流向了"事情"，它可以是紧张地

学习或工作，可以是悠闲地度假，也可以是无所事事地发呆，还可以是难受、犹豫或纠结。总之，尽管我们在活着时拥有一段时间（也就是生命），但它终将被事情耗尽。

我们把时间花在什么事情上，决定了我们拥有什么样的一生。

## 12.2  成功、效率与幸福

处理"人—事—时"三者的关系，是我们收获美好人生的金钥匙。

在 P-W-T 这个三角模型中，每条线都有不同的含义。它们在本质上分别代表了成功、效率和幸福。

左边的 P-W 线（"人—事"线）代表的是成功，因此又被称为 P-W 成功线。成功是什么？用最简单的话讲，成功就是把想做的事做成了。P-W 这条线讲的是我们选择让什么事进入我们的生命、占用我们的时间，因此它在终极意义上，决定了我们成功与否。

这条线所强调的是决策，是把时间用于什么事上。显然，这种决策本质上是目标的选择，最终影响的是效能，因此它决定着一个人的成功与否。在这条线上，我们需要经常问自己："什么样的事对自己是最有价值的，是符合自己对成功的定义的？"在日常工作中，这样的问题就转化为："我应该做什么，来体现自己所在岗位的核心价值，甚至超越它？"

这条线对公司一样适用（大多数公司都有"法人"资质，从法律层面来讲，"法人"并不是自然人意义上的人，而是对公司、企业等组织和单位的一种"拟人化"表达）：公司应该选择做什么业务？应该如何定义自己的业务边界？与这些问题相关的决策，常常是公司战略的重要组成部分。因为这些决策将决定公司的成败。

下面的 W-T 线（"事—时"线）代表的是效率，因此又被称为 W-T 效率线。这条线强调的是如何将时间分配给不同的工作。在时间管理领域，有各种"GTD（Get Things Done，把工作完成）"工具来帮助人们做好工作。很多时间管理课程也主要致力于教授这些工具的使用方法。

对于 W-T 这条线的处理，也就是提升效率，如果能够用好那些工具，比如工作计划、日历安排、待办事项记录等，是有价值的。但如果把时间过多地花到使用那些工具上就得不偿失了。此外，检视运用时间的实际情况与这些工具记录的一致性，并在反思其中的差距中提升效率，才是最重要的。

右边的 P-T 线（"人—时"线）代表的是幸福，因此又被称为 P-T 幸福线。这条线强调的是时间与人的关系，是我们的时间观念：我是如何看待时间的？时间给我带来什么样的感受？同样长度的时间，我是觉得度日如年呢，还是光阴似箭？

从时间的视角看，幸福意味着一个人感觉时间过得太快。"快乐的时光总是短暂的"，说的就是幸福的感受。这种幸福感受的获得，显然与前面两条线有着密切的关系。一般情况下，如果我们选择了做正确的事，并且高效地完成它，我们就会感觉时间过得很快，并因此收获与幸福相关的感受。但如果我们在事情的选择上做了错误的决定，比如本来是去找一个跨部门的同事寻求支持，最终却把时间花在争论到底是谁的责任上了。这种没做正确的"事"的情形，显然也就谈不上效率了，更与幸福沾不上边了。

这个简单的 P-W-T 模型给我们提供了一个关于时间的"上帝视角"，它清楚地指出了时间与人的关系，及其通过"事"这个介质对人造成的影响。这个简单的模型不仅清晰地说明了成功、效率和幸福三者的关系，还告诉了我们幸福的来源：幸福的感受（P-T 线）是通过决定做正确的事（P-W 线），以及高效地做事（W-T 线）来获得的。当我们做对了事，也高效地把它完成时，我们就会觉得时间过得非常快，就会感觉幸福。

需要指出的是，在这个模型里，"事情"是广义的，任何占据时间的东西，都是"事情"：在工作中花半天时间完成的一个重要任务，那个重要任务当然是"事情"；在家里花 10 分钟洗碗，洗碗也是"事情"；有一天我想"躺平"，整天在家里发呆，那么发呆就是"事情"；晚上花 7 小时睡觉，那么睡觉就是"事情"……

　　用这样广义的理解来建立"事情"这个概念十分重要。它有助于提醒我们，时间总会被各种"事情"花掉，不要只把自己认为重要的事项或者工作要求的任务当作"事情"。我们需要对所有占用我们时间的"事情"做出选择。这种认知对我们用好时间具有极为重要的价值。

# 第13章 "无情地"处理优先级: P-W成功线

## 13.1 目标与价值创造

每次见到十分忙碌的人，我总是一边充满敬畏，一边心里嘀咕：如果这个人因为业务需要、升职或到一个更重要的岗位，负责的事务更多，他会忙成什么样子？或者想象一下，如果他成为一国之君，还会有时间睡觉吗？

当然，我能够想象，如果对方听到我的这些疑问，一定会反驳说："如果我能够升职或做更重要的工作，就会有更大的权力或资源，就可以不这么忙碌了。"

我的回答是：其一，一个过于忙碌的人得到升职或更重要岗位的机会，相对那些把工作做得不过于忙碌的人可能要少一些，因为公司会觉得，当下的工作他已经应付得足够吃力了，应该难以胜任更高或更重要的岗位；其二，几乎每个岗位，不同人做时，忙碌程度会不一样。一般情况下，一个习惯忙碌的人换到更重要的岗位只会更忙。我相信，一个当下能够做到不过于忙碌的人在更重要的岗位上达到类似状态的可能性会更高些。

有意思的是，当有一次我把这些想法说出来时，一位朋友回应道，也许，对于十分忙碌的人而言，忙碌本身就是他的目标。

我觉得这是完全有可能的。

问题是，好多十分忙碌的人常常抱怨自己没法达到自己想要的"工作—生活平衡"状态。坦率地讲，在听到这样的抱怨时，我常常怀疑抱怨者的真实意图：他是真的为忙碌所困，还是想说明太多的事情离不开自己以强调自己的重要性呢?

从有效运用时间，也就是有效消耗自己生命的角度看，我认为，在当今社会，如果我们想达成自己想要的"工作—生活平衡"状态应该是有方法的。

在所有的方法中，最重要的就是我们要把得到这样的状态确定为一个目标。

然后，我们就需要为达成这个目标，在 P-W-T 模型中的 P-W 成功线上，对让什么样的"事情"进入我们的生命，也就是占用我们的时间，做出决策。

我们不能既想通过忙碌来让人觉得自己重要，又想得到休闲般的"工作—生活平衡"状态。

当然，我们会遇到工作目标与这个"工作—生活平衡"目标冲突的情形。比如，我想"朝九晚五"，但工作性质决定了我必须开跨国会议，时差注定让我无法"朝九晚五"。在这种时候，考验的依然是我在 P-W 成功线上的决策能力，我需要对这种冲突做出选择：要么重新定义"工作—生活平衡"，要么换个工作。

这依然是关于让什么事进入自己的生命、占据自己的时间的决策问题。这是 P-W 成功线上最重要的内涵。这条线强调的是我们的决策能力和选择能力。

让我们稍稍聚焦到工作情境。我有个朋友是某跨国公司中国区顶级高管，他从不允许自己过于忙碌。他跟我说，如果一个人在工作中过于忙碌，那么只有三个原因：一是自己没想清楚目标是什么，尤其是没想清楚自己应该创造什么价值；二是没有勇气拒绝与核心价值创造无关的工作，或者没能争取到能够更高效完成工作的资源；三是自己的工作效率不高。

这位高管所讲的本质上涉及两个方面：一个方面是价值创造；另一个方面是处理工作的能力。

在工作中思考自己应该创造什么价值，并据此设计和选择工作任务，是我们在 P-W 成功线上最需要做的事情。很多人在一个岗位上做了很多年，都只是埋头做事，手头的事情要么来自对上级的遵从或同事的请求，要么来自"从来都这样"的各种可见不可见的约定，但他很少思考每件事情与自己应该创造的价值的关系。很多人甚至不知道自己的"客户"是谁——要知道，"客户"

是任何一个岗位存在的基石。关于"客户"的寻找有一个说法最简单，就是设想一下，如果没有你这个岗位，公司内部哪些人的工作会受到影响。如果没有任何人受到影响，那么你的这个岗位可能就没有存在的价值。

所有目标的设定都应该基于价值创造。所有占用自己时间的事项都应该与目标相关，都应该创造价值。这是 P-W 成功线上的应有之义，是 W-T 效率线和 P-T 幸福线的基石。

至于处理工作的能力，我认为本质上事关效率，因此我将在 W-T 效率线上讨论它。

## 13.2　处理优先级的有效方法

过度忙碌的人常常会觉得"什么都重要"，如果被人质疑，甚至还会为每件事情的重要性辩解，然后反问"那你说哪个更重要"。

一般情况下，在工作情境中，除了自己的直接上级，只有自己能够对每件事情的重要性进行有效排序，对它们的优先级进行有效管理。这种在 P-W 成功线上所做的决策就是要选择"做正确的事情"。

我很赞同《敏捷宣言》合著者、被称为"Scrum 之父"的杰夫·萨瑟兰（Jeff Sutherland）在他的《Scrum：用一半的时间做双倍的事情的艺术》（*Scrum：The Art of Doing Twice the Work in Half the Time*）中关于处理优先级的观点："我不在乎你是谁，也不在乎你在哪里工作，优先级必须是无情的。哪怕是少做一点点，你也是在浪费作为组织命脉的资源和能力（I don't care who you are or where you work, prioritization must be ruthless. Anything less, and you're simply wasting resources and capacity, the lifeblood of every organization.）。"他用"无情的"来形容处理优先级的风格是极为合适的。

在方法上，我常常建议的做法是，每天结束工作时，回顾一下自己把时间都花在哪些事情上了，然后问自己："如果我把这些事情压缩到 20%，我会如何选择？"为什么我会选择 20%，主要是考虑到那个几乎无处不在的二八原则——80% 的时间应该花在 20% 最重要的事情上。

接下来，把这些想法付诸行动。在每天开始投入自己的时间之前做同样的思维体操：如果把事情压缩到 20%，结果会如何？在做完这个决策之后，就把时间投入到那些经过"无情地"处理了优先级的事情中去。

如果你还有"工作—生活平衡"的大目标，就坚持以上的做法，直到能够达到自己所定义的"工作—生活平衡"状态。

最后，保持这个习惯，任何时候，在付出自己的时间之前，永远都先"无情地"做好优先级管理。

## 13.3　将时间融入人际互动中

相信多数人都同意前面的观点，也能够"无情地"做好优先级管理，但是他们会说："我可以对工作做出价值判断，但却无法决定最终的取舍。"

在这些情境中，我们可以很清楚地看到，时间在人际影响中扮演着多么重要的角色。

是的，我们在时间运用上存在的问题，不是作为一个独立的个体无法"无情地"对事情进行优先级管理，而是不能在团队中判断不同事情或任务对自己的工作效能或价值创造的影响，或者不敢在团队中以实际行动做出这样的判断。比如，我们在工作中常常会觉得做一件事在自己看来是没有意义的，但由于是老板或其他同事要求自己去做的，所以就去做了。类似这样的做法是纯粹的缺乏影响力的表现：我们没有勇气在这样的人际互动中，以将时间等同于生命的态度果敢地表达自己的观点，以有影响力的方式邀请对方与自己一起思考相关工作的价值，并最终做出更合理的判断。

如果我们不能在这样的情境中做出自己的判断，以适度坚持自己的立场的方式勇于影响他人，邀请对方共同对工作做出价值判断，就是没有在 P-W 成功线上做工作，没有选择去做那些真正对自己有价值并会给自己带来成绩或成功的工作。

# 第14章 你永远都在做"重要且紧急"的事情

## 14.1 花费时间的，才是重要的

花费时间的，才是重要的。同性格一样，如果我们对这一点没有意识，它就会在潜意识里影响我们的决策，从而决定我们使用时间这一生命中最重要的资源的习惯。

只要谈到时间的高效运用，几乎都会不可避免地涉及一个以美国前总统艾森豪威尔的名字命名的时间管理矩阵——艾森豪威尔矩阵，如图14-1所示。

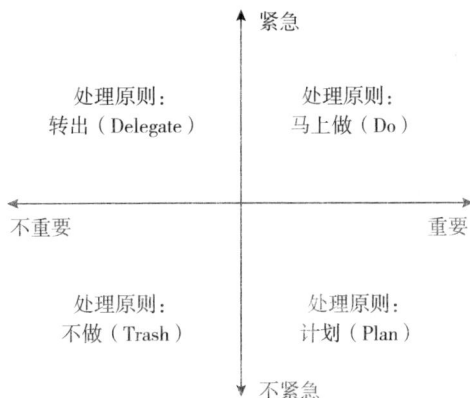

图 14-1 艾森豪威尔矩阵

这个矩阵所提供的概念是非常准确的，所提出的原则是非常实用的。

然而，有太多的人在应用这个矩阵时，陷入了"规划"陷阱，他们不停地把时间花在将生命中的各种事情放到这个矩阵不同象限的过程中。他们这样做的时候没有意识到，做"规划"这件事本身已经变成了他们生命中最重要的事情了。

这需要我们真正理解什么是"重要且紧急"的事情。很多时候，我们的"思"和"行"是背离的。比如，很多在我们头脑中被认为"重要且紧急"的事情，我们在行动上却会将它们作为"不重要也不紧急"的事情处理，而且会坚定不移地认为，因为"过一会儿"我们会"马上"处理它们，所以它们依然是"重要且紧急"的。

这是对"重要且紧急"这一概念最大的误解。

什么是真正"重要且紧急"的事情？首先，必须将这一思考置于一个特定的时间段中，而且要将该特定时间段的截止点认定为真正的截止点，否则谈论"重要且紧急"就没有意义。

其次，只有在该特定时间段里，真正把其中的一段时间花在那些"重要且紧急"的事情上，那些事情才算得上是真正"重要且紧急"的事情。因为按照艾森豪威尔矩阵给出的处理"重要且紧急"的事情的方式行事，那些事情应该处于"做"的状态。

让我来举个最简单、最常见的例子。

我们有时在手机上见到一篇很好的文章时，会收藏起来，告诉自己以后"有空再读"。在这个时间点上（注意是"时间点"），这是个"做计划"的举动，它把"读收藏的文章"这件事放到了艾森豪威尔矩阵的"重要但不紧急"象限（第四象限）里。

当我们不明确什么时候读完文章时，这件事就被默认放到了从"收藏文章"到我们生命终止的整个时间段里。如果我们死亡时依然没读那篇文章，由于到了那一刻，时间已经对我们没有意义了，因此阅读收藏文章这件事自然被当作"不重要也不紧急"的事而放弃不做了。

计划必须是基于时间段的，否则要么算不上计划，要么就是默认将计划放在了从当下到生命结束的整个时间段里。理解和正视这一点至关重要。

用艾森豪威尔矩阵的语言来描述，计划就是给一件事情贴上了"重要"

的标签，但只有这个标签并不能够将事情完成，因为它可能永远也不会变得"紧急"。

一件事情要获得"紧急"标签必须基于一个时间段。比如，我们心里会这样对自己说："我现在没时间读这篇好文章，先收藏下来，明天上午 11 点再读。按自己的阅读速度，我在 11:30 应该能够读完。"这样一来，这篇文章就被放在从现在至明天上午 11:30 这个截止点之间的时间段里，并获得了"重要且不紧急"的标签。

随着时间的推移，到了第二天 11 点时，阅读收藏的这篇文章这件事就变得"重要且紧急"了，于是我们应该采取行动——阅读它，并在 11:30 时完成。

显然，这是理想的状态。

有意思的是，很多时候我们在第二天并不会读那篇在今天被贴上"重要且不紧急"的计划内文章，但我们还会坚定地认为这件事情"很重要"，因为我们跟自己说了："'明天'，我会去读完它的。"

这种行为，事实上就是把一个时间段的截止点给做"活"了，其本质是向下一个时间段去"借"时间。当我们认真检视从收藏文章到第一个"明天"上午 11:30 这个时间段时，我们会发现在这个时间段里阅读那篇计划内的"重要"文章的行为并没有发生。这说明在这个时间段里，"阅读那篇收藏的重要文章"这件事被删除了。根据艾森豪威尔矩阵，被"删除"（不做）的事情其真实标签显然不是"重要但不紧急"，而是"不重要且不紧急"。是我们的行动在那个时间段里把"阅读收藏的重要文章"处理成了垃圾。

以上这个例子，说明了一个我们在运用时间上的非常重要的认知误区，那就是我们认为重要的事情常常会被我们的行动"删除"，但会被我们持续地认为"重要"。

在这种现象里，我们犯了两个错误。第一个错误是对于事情"重要性"认知的错误。我们必须承认，只有真正花费了我们的时间的事情才是真正重要的。如果我们只是觉得一件事情重要，而没有为其花费时间，那么无论我们在思想上觉得那件事情多么重要，事实上它都不重要。第二个错误则是关于时间段的。我们通过将一个时间段的截止点做"活"，告诉自己可以在下一个"明天"阅读那篇文章，通过在心理上保存着对那篇文章依然"重要"的标签来安慰自己。这个错误是我们为了达成心理认知协调而犯的，因而非常难以避免。要避免这个错误，有时候需要借用一个残酷的思维练习，就是设想一下，我们只有一个"明天"了，在那个"明天"的终点我们将离开这个世界，那时，我们真地会去阅读那篇文章吗？如果真的阅读了，那它才是到"明天"的那个时段里真正"重要"的事情。

如果我们没有在计划的时间段里真正投入时间去做这件事情，那么无论我们在思想上认为它有多重要，在计划的那段时间里它都不重要。

与之对应，我们在计划的时间段里真正投入时间去做的事情，才是对我们真正重要的事情。

基于这一认知，我们可以说，我们永远都在做"重要"的事情。

因为我们总在花费时间。当下占用我们的时间的就是"重要且紧急"的事情，无论它是什么。

比如，此时此刻我在写这段文字，那么，写这段文字在当下这个时间段里，于我就是"重要且紧急"的事情。假如我表面上是坐在电脑前做出打字的姿态，但并没有写下任何文字，而是满脑子在想到底使用什么软件作为写作工具，然后就打开浏览器，不停地在各种笔记软件中切换，并对这些笔记软件进行比较，还会不时地回到平时用的办公软件上来，试图找到一款用起来"思如泉涌"的写作工具，那么，在这段时间里，真正对我重要的就不是写作，而是寻找写作工具。

很多时候，我们会陷入纠结之中。"我这个人很容易纠结，这一点连我自己都很讨厌。"当我们说这句话时，从时间影响力的角度看，我们在行动上不仅不讨厌"纠结"，恰恰相反，我们很喜欢它，因为我们允许它占据了自己生命中最重要的资源——时间。

每一个当下，我们的时间都在流逝，占据那些逝去的时间的，就是当下对我们真正"重要且紧急"的事情。

我们永远都在做 "重要且紧急" 的事情。

在 P-W 成功线上如果我们不能很好地决定把什么事情放在某个时间段的计划里，同时不能很好地运用好时间段和时间点的关系，那么我们就无法把时间花在真正重要的事情上，也就无法通过实现目标收获成功，更谈不上追求做事的效率了。

在那种情况下，潜意识就会支配我们的行动，让它的安排来占据我们的时间，从而决定我们的命运。

## 14.2  推迟即删除：对时间段的诚实面对

以上分析，可以用艾森豪威尔矩阵正确且完整的应用示意图（见图 14-2）表示。

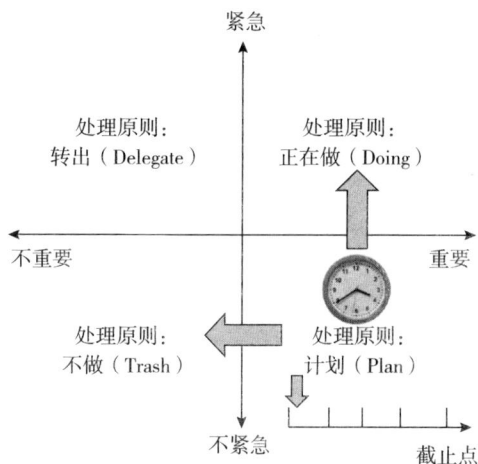

图 14-2  艾森豪威尔矩阵的正确应用示意图

在这个图中，最重要的是对 "重要—不紧急" 象限的处理。我们知道，计划总是对应于一个时间段的。我今天晚上把四件事情放在明天上午的计划中，就意味着我要用明天上午 9:00 到 12:00 这个时间段处理那四件事情。而在我做计划的当下，这四件事情都处于 "重要—不紧急" 象限里。

随着时间的流逝，到了明天上午9点，第一件事情就变得"重要—紧急"了。正常情况下，它应该进入"重要—紧急"象限，也就是处于"正在做"的状态。如果一切顺利，我这四件事情在明天上午的三个小时里都会被这样处理。

如果因为任何原因，我没有处理其中的第二件事情，而是在"思想上"将其"推迟"到明天下午，那么这第二件事情在到明天上午的这个时间段里就是被删除了，也就是到了"不重要—不紧急"象限里。当然，它对于明天下午而言，还是"重要—不紧急"的。

出于对自己无法坚持计划的原谅和心理调适，我们一般都不愿意否认被推迟的事情的重要性。我们会说，那仍是"重要的"，因为我们将其安排到了"下一时间段"里。问题是，这种安排的前提是我们还有"下一时间段"，公司的业务还能够提供"下一时间段"。在很多时候，尤其是在商业领域，公司是不会提供"下一时间段"的。比如，月度、季度和年度的业绩统计，都不可能允许任何一个人说："我把今年的部分业绩推迟到明年实现。"人生也是如此，我们总是把很多重要的事情推迟，比如陪伴家人、锻炼身体、读书学习等，因为我们认为"还有时间"。但生命并不会永续下去，截止日终将到来。生命中所有我们"后悔没做的事情"，都是我们对时间段、截止点、事情重要性的错误认知造成的。

对于一个时间段而言，推迟即删除。建立这个理念，将有利于我们诚实地面对自己，珍惜每个时间段，为其做好优先级管理，并提升对它的利用效率。

## 14.3 可预见拖延症

拖延症是我们熟知的，就是常常把截止点变成活动点、即使在截止点前完成任务也常常是以在最后一刻"突击"的形式完成的。而预见性拖延症常常被视作拖延症的对立面，就是通过干一些次要的、容易的工作使自己显得很忙来回避那些主要的、艰难的工作，让人看上去甚至是"提前"开始而不是拖延。造成这种情形的原因是忙碌能够给人安慰和安全感。同时，完成一些不重要的事也能够让人觉得多少获得了一些成果，从而获得一些满足感。

预见性拖延症的"症状"十分常见。比如在学习中，很多人十分"勤奋"，书不离手，把书看了一遍又一遍，自己也满足于这种忙碌，但很少在内容的难度和深度上付出真正的努力。在成绩不佳时，这些人还会用自己表面上的"勤奋"为自己辩护："我已经很努力了，还要我怎么做呢？"

在工作中，很多人把自己弄得特别忙碌，但很少去思考和"无情地"处理任务的优先级，更不愿意去应对那些可能发生一些必要的建设性冲突才能界定任务优先级的情形（比如拒绝与自己应该达成的目标和应该创造的价值无关的工作）。在有人指出他们不注意处理任务的优先级时，他们甚至这样辩解："我忙成这样哪有工夫去想那些？再说了，有与人沟通确认任务优先级的那些时间，我都已经把任务处理完了。"

但这一切只会让他们更忙，让他们的预见性拖延症更严重。

因为有形式上的忙碌作为掩护，所以预见性拖延症不仅比拖延症更难以治愈，而且更容易让人沉迷，使人在思维上陷入一个逻辑"自洽"的模式，因此需要足够强大的思辩力才能够发现它，进而改变它。

所以"以战术性的忙碌去掩饰战略上的懒惰"的做法，是最典型的预见性拖延症的症状。

治愈预见性拖延症的方法其实很简单，就是"无情地"处理优先级，然后直面那些真正创造价值的、有难度的任务。

## 14.4　当忙碌成为目标

很多抱怨自己"太忙"的人，其实都在有意无意地把忙碌当作目标。他们闲不下来，因为让自己忙，就是他们想要的生活或工作状态。

我的一个朋友，最喜欢抱怨自己"太忙"。一开始，我和几个朋友都有些为他担心，每次相聚时我们都会劝他不要太忙，要注意身体。在收到这种关切时，他总是一边表示感谢，一边不停地说"实在是没办法"，并向大家讲述各种让他忙碌的事项和细节。

听得多了，我几乎都快能记住这位朋友所忙的事情了。有一回，我跟他较了真。我对他说："哥们，我是一个从事学习服务工作的人，正好开发了一门'创新时间管理'的课程。要不要我用其中的工具跟你分析一下，看看是否能够让你减少忙碌，过上你想要的生活？"

各种讨论下来，最终我发现，他其实并不想减轻自己的忙碌。忙碌，加上对别人说自己"太忙"，就是他想要的生活状态。

有一次，我去拜访一家跨国公司的副总裁。见他之前，负责安排会议的总监提醒我，他们的这位副总裁做事非常简洁高效，与他沟通要注意直击重点。

我与副总裁的见面的确十分高效。期间我们还交流了有序高效工作与领导力的关系。我们都认为，一个人如果希望在职场上获得更多机会，就必须能够在当下的工作中表现出还能够承担更多责任的潜力，这种潜力的表现之一，就是他还有"时间"处理更多、更重要、更复杂的事务。

我们认为，一个在当下岗位过于忙碌的人是很难有机会升迁到更高的职位或者接手更重要的工作的。其中的道理很简单：一般情况下，级别越高，事情越多，也越复杂。尽管更高的职位也会拥有更多资源，但总体而言，其对时间管理的要求是更高的。

过于忙碌会让一个人失去机会。

当然，一个在组织底层的人也可能很忙碌，只是导致其忙碌的原因会有所不同。对于处于组织里中高层的人来说，他们忙碌大多是因为自己有意或无意地想活成那种样子。只要愿意，他们中的多数人都可以很快让自己的忙碌状态得到改变。但对于工作在组织底层的人而言，导致他们忙碌的原因更可能是能力不够。这些能力，一方面事关做事的技能和效率，另一方面则关乎划定边界的勇气。

如果你是一个组织的普通的底层员工，而自己做事的技能和效率也能够达到团队中的平均甚至更高水平，那么，你就有理由让自己不过于忙碌。当然，这需要你有勇气去划定工作的边界。如果你所在的团队或组织有不看效率而更愿意看到员工处于忙碌状态的文化，也许，你可以考虑寻找新的工作机会。

时间就是生命。把时间花在什么地方，我们就在过什么样的人生。尽管我们不大可能只把时间花在享乐上，但我们在使用时间方面总会有很多选择。

# 第15章 时间段与时间点：W-T效率线的基准

效率意味着遵循或超越计划。

我们谈论 W-T 效率线时，必须再次深入讨论时间段与时间点，并对它们有正确且深刻的理解。

每个时间段都对应着两个时间点：开始点与结束点，结束点也就是我们常说的截止点（Deadline）。

不同的时间段给予人的机会是不一样的，而有时候时间点也是无法选择的。

到了截止点就必须截止。我在这一节提到这个句子是因为它所表述的内容实在是太重要了。

相信每个人都遇到过或者做过把既定的截止点"推迟"的事情。比如，原计划这个月读完的书，到了月底的截止点并未读完时，我们会对自己说："这个月实在太忙了，下个月再读也不迟。"对于工作上的项目，我们也会遇到类似情况。到了截止点，人们找各种理由跨越它、另定一个新的截止点，甚至一再重复这种做法。

截止点的英文单词十分形象，叫 Deadline，直译过来就是"死了的线"。但上述那些做法，本质上是把"死了的线"做成了"活了的线"（Liveline）。这种把"死了的线"做成"活了的线"的"起死回生"的做法，估计在人们运用时间影响自己和周边人的情境中是非常常见的。

很少有人会觉得这是一件非常值得重视的事情，直到截止点给人带来了切实的冲击，让人产生了沃伦·本尼斯（Warren Bennis）在《成为领导者》（*On Becoming A Leader*）中所称的"冲击式学习（shock learning）"。

多年前，在我的一个领导力项目中有一位学员，他在完成时间影响力这个模块中关于时间点与时间段的学习后，对这两个概念表示"无感"。"没什么特别价值。"他进一步解释说，"这是我们平时都用到的，但在管理实践中，项目拖延意味着把截止点变成了'可变点'，但一般都有特别的原因，是可以理解的。强调时间段没有问题，但这是常识，没必要太强化它的重要性。"

大约过了不到两个月的时间，我们开启了下一个模块的课程。在开场时他做了一个让全场人都十分受触动的分享。他说："我从来没有像现在这样意识到时间段与时间点的重要性，原因在于，就在从上次课程结束到现在的这段时间里我父亲去世了。事中和事后我想得最多的就是上次在'时间影响力'模块中提到的时间段与时间点的概念。在过去的几年里，我其实每次都计划过要回家看望父母，但每次都因为各种原因而没有回去。按我们在'时间影响力'课程中学到的概念，我每次都把回家的那些截止点给'做活'了。我没有想到，父母的生命也是有截止点的，而那些截止点是无法'做活'的。想想我们自己，也许看上去能够'做活'很多'截止点'，把截止点变成'可变点'，而且总觉得有客观理由。但事实上，每次这样做的确就是在向未来借时间。同时也应该承认，对已经过去的那段时间，我们在使用上存在需要反思的问题，要么是产生了浪费，要么是计划不够准确。"

这位学员的分享很好地说明了时间段与时间点这一概念的本质及其对我们的影响。

当我写到这里时全国正在进行高考。高考的安排，就严格体现了时间点与时间段的关系，而且对人影响巨大。比如在北京，高考的时间共有四天，每科都安排在其中一个特定的时间段，每个时间段都对应着两个时间点：开始点与结束点。显然，每科考试的结束点是不可能被"做活"的，没有人能够延长任何一科考试的时间。当然，在这个时间段内，考生对于一些时间点的选择是有空间的，比如最晚可以迟到 15 分钟，在考试开始后的这 15 分钟内考生可以选择在任何时间点进入考场。在答题时，考生也可以在这段时间里选择按自己的习惯完成答卷，可以先做容易的，也可以先做难的。但无论如何，全部试题都只能在考试规定的时间段里作答。如果一个考生在某道题上费时过多，就会影响能够用于其他题上的时长。一个考生如何在考试的时间段有效地运用好时间点和时间段的概念，如在不同时点开始对不同题目的解答，对不同题目掌握好所用的时间段，对他的成绩有着极大的影响。

我们做任何事情都需要对时间段和时间点的概念有透彻的理解。建立强烈的时间段和时间点的意识也是我们提升效率、在 W–T 效率线上发展能力的基础。

# 第 16 章　钱包与垃圾：十字互动论

把时间花在错误的人身上，是最大的浪费之一。

当我们把艾森豪威尔矩阵放到人际互动的情境中时，时间与影响力的关系就更加清楚了。

设想在一个平常的工作日里，一位同事过来找我，想向我咨询一下应该如何帮助他的朋友处理一个艰难的问题。他的朋友说，自己要在两周后决定是否报考研究生，但心里很纠结，希望能够从他这里得到有价值的建议。

同事很重视这位朋友的请求，因此特别想给出真正有价值的建议。为了让建议有质量，他上午一直在向不同的同事咨询，听取不同的意见。其他同事很配合，都认真地了解情况，然后给出自己的意见。到我这里时，他自然也特别希望我能够马上把注意力放在他朋友的这件事上。

每次遇到这样的情形时，我都会想到这个被我称之为"十字互动论"的时间影响力工具，而且脑海中会出现如图 16-1 所示的图。

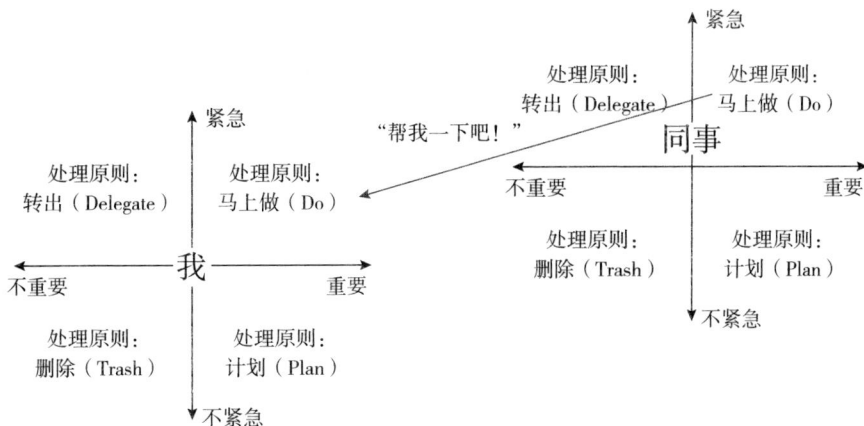

图 16-1　时间管理的"十字互动论"

这个图可以清晰地表示出我的同事希望达成的状态：把他的事情放到我的"重要—紧急"象限中，让我放下手中的事情马上处理。而且他会将那件事说成是他自己的"重要—紧急"事项。比如，他会说："这事对我很重要，而且很急，所以麻烦你帮我看一下。"他甚至还会说："这事对你很容易，也就只占你几分钟的时间，但对我来说太难了，所以才来麻烦你。"看，这所有的说辞都是在把那件需要我做的事说成是他的"重要—紧急"的事，而且希望我也把它当作我的"重要—紧急"的事立即花时间处理。

这个我所称的"十字互动论"，才是我们在团队中运用时间的精华。正是因为它的存在，有的人才能通过影响他人获得更高的效率——这意味着在他们做事能力不变的情况下，拥有了更多的时间资源；也是因为它的存在，有的人只要与人协作效率就会下降——他们的时间资源变少了。

"十字互动论"是对艾森豪威尔矩阵的高阶应用，通过它我们可以清楚地看到，时间是我们影响他人的投入，也是我们期待的产出：在协作时，我花时间与人沟通，追求的是获得更多的时间资源。有一件事，如果我单独去做需要一周的时间，如果我花1个小时与人沟通就有可能在1天内完成。

把时间当作影响力的核心要素，以有效沟通和其他能力为载体，用好"十字互动论"，就能够在人际互动中更好地运用时间和获得更多时间资源。时间管理的精髓，尤其是当我们身处团队之中时，就是如何有效运用"十字互动论"的艺术。

对于前面我提到的情形，不同的处理方式会对我们的工作和人际关系造成不同的影响。如何处理这种情形才是有效地影响自己和他人的策略呢？我觉得做到以下几点是非常有价值的。

一是要能够看到这种情形的本质：就是求助者正试图将一件事情"塞"到我们的"重要—紧急"象限中。判断这件事对我们是否有价值，是否符合我们设定的目标，就显得极为重要。

其中的原因，就是因为"重要—紧急"象限中的事项的处理原则是"做"，而这就意味着马上就要消耗我们最宝贵的资源——时间。

没有人希望自己的时间被浪费，因此，只要我们付出时间，就会对其创造的价值有所期待。从这个意义上讲，"重要—紧急"象限就像我们的"钱包"——我们在这个象限里投入时间，换取收益。与之相对，那个"不重要—不紧急"象限，因为其处理原则是"删除"，所以相当于"垃圾桶"。

如果对方试图"塞"到我的"钱包"中的事情，有利于我的价值创造，甚至比我计划要做的事情更有价值，我当然乐于"笑纳"，接过来马上处理。但如果这件事不利于我的创造价值，与我要达成的目标无关，我就应该拒绝。最可怕的情境是别人试图把他的"垃圾"塞到我的"钱包"里，这种做法相当于对方想让我把本来用于挣钱的时间变成垃圾。这是多么可怕的事情！

我们有理由对这样的情形保持警惕。

二是我们要运用果敢力所倡导的关于目标及目标感的技能。思考一下，如果我们把对方的求助加入我们自己的"重要—紧急"象限中，让它成功进入我们的"钱包"，按理这件事应该具备为我创造价值的功能。但这是我们想要的吗？这与我原来的目标有关系吗？经过这样的对于自己所要达成的目标的思考，我们就可以决定是否接受同事的求助了。

不仅如此，如果我们是管理者，或者我们想帮助自己的同事，我们还可以进一步思考：同事所求助的那件事，他自己应该将它放在哪个象限更有利于他的成长和目标达成呢？

这个进一步的思考，正是很多管理者需要做的，也是管理者通过时间这个因素影响员工，帮助员工做好时间管理提升效率的重要方法。比如，如果前面提到的这位同事是我的员工，我也许就可以在他求助时利用这件事帮助他提升运用时间管理自己的技能。我可以问他，他的朋友向他咨询报考研究生这件事于他到底有多重要和多紧急。也许经过探讨，这件事对于这位同事而言，在当时上班的那个时间段里，应当归入"不重要—不紧急"象限；也就是说，连他自己都不应该在上班时间处理这件事，更不用说去麻烦自己的同事甚至领导了。

"十字互动论"不但能够反映出个体对事情的判断，还可以通过把个体对时间的运用转入人际互动中去，提升互动双方和多方的效率。在一个团队中，个体的时间管理不是孤立的，而是深深地相互影响的，这正是时间作为影响力因素的最重要和最直接的体现。

# 第 17 章 高效的秘诀

## 17.1 注意力 = 时间

你坐在我面前，却一心在玩手机——你的时间就不在我身上，而在手机上。

我出差时常常一个人用餐。这种时候我最喜欢做的事就是观察身边的人。从他们用餐时的情形，我可以看出他们都是如何使用自己的时间的。

我曾经见过一对情侣，两个人进入餐厅后面对面坐下，然后各自用手机扫码点菜，在简单点头相互确认之后就各自玩手机。菜上来后，他们也是各自边吃边玩手机。有时候两个人都会笑，但无论是否同时笑都与对方无关，因为他们都是因为各自手机上的内容而笑。就这样，两个人在整个晚餐中，几乎没有互动。

每次看到这种"大家坐在一起，各自玩手机"的情形，我都在想，在这种情形中，大家的时间到底花费在什么地方。

这种形式与内容的分离也会给我们的时间运用带来错觉，因为在形式上大家是"坐在一起的"，但在内容上则是各自"玩手机"，然后大家会说："我把时间用到聚会上了。"我们在工作中参加会议也会这样：在形式上我们是在参加会议，而在内容上我们要用电脑处理邮件。然后我们会说："刚才的时间用在开会上了。"参加学习时，我们会开小差，想各种与学习无关的事情，但我们会说，自己的时间花在学习上了……

显然，在这种情形中，时间的真正去向是与注意力投入的地方一致的：注意力在什么地方，我们的时间就花在什么地方。"身在曹营心在汉"——心之所向，才是时间与精力真正的去向。

只有当注意力投入到某个对象上时，我们才能说是在那个对象上使用了自己的时间。

理解这一点对我们有效运用时间非常重要。它会让我们脱离自我欺骗，不再被占据时间的形式蒙蔽，而是认识到自己的注意力所到之处，才是我们时间的真正消费对象。拿工作中的会议举例：我很不情愿地参加了一个会议，并且在会议中既没有把注意力放在会议内容上，也没有思考工作，而是想着下班后与朋友的聚会或者其他什么。这估计是职场中十分常见的现象。有意思的是，这"占据我半天时间"的会议，还会成为我手中强大的工具：我可以用它来炫耀自己多么忙碌，也可以用它来挡住不想接的任务（"不好意思，那天我必须去参加一个会议"），还可以用它作为申请加班的理由（"没办法，因为那天必须去参加一个会议，所以不得不加班"）。

当我们不能分辨使用时间的形式和内容，不能认识到注意力的投向才是时间真正的去向时，我们就会这样扭曲时间的价值。时间，就会在这样的掩盖下被浪费掉。

## 17.2　多任务的幻想

那些最喜欢以多任务方式做事的人，他们控制不了自己，无法专注。

杰夫·萨瑟兰在其《Scrum：用一半时间完成两倍工作的艺术》一书中，对多任务进行了很有意思的描述。

敏捷工作方法极度注意效率。为了提高效率，杰夫·萨瑟兰在书中表达了对多任务工作方法的强烈反对。为此他举了一些常见的多任务工作导致效率降低甚至带来危害的例子。其中一个关于开车的例子应该是我们都很熟悉的：开车时接打电话的司机常常会对周边环境"视而不见"，因为他的注意力在打电话上，而不在驾驶汽车上。这是开车接打电话容易导致事故的原因所在。

杰夫·萨瑟兰还引用了美国犹他大学研究人员在多任务工作方面的研究成果来说明多任务工作的危害。该研究表明，人们常常严重高估自己的多任务工作能力，多数人都认为自己处理多任务的能力高于平均值，但这种结论几乎没有任何依据。那些开车时接打电话的司机，以及喜欢以多任务方式处理事务的人，通常是对自己的多任务工作能力高估得最严重的一类人。

负责该研究的大卫·萨博马苏指出，人们喜欢以多任务方式处理事务，不是因为他们擅长那样做，而是因为他们太容易分神——他们抑制不住做另一件事的冲动。那些最喜欢以多任务方式做事的人，他们控制不了自己，因而无法专注。

为了说明多任务情境切换对效率的负面影响，杰夫·萨瑟兰在书中绘制了多任务切换效果图，如图 17-1 所示。

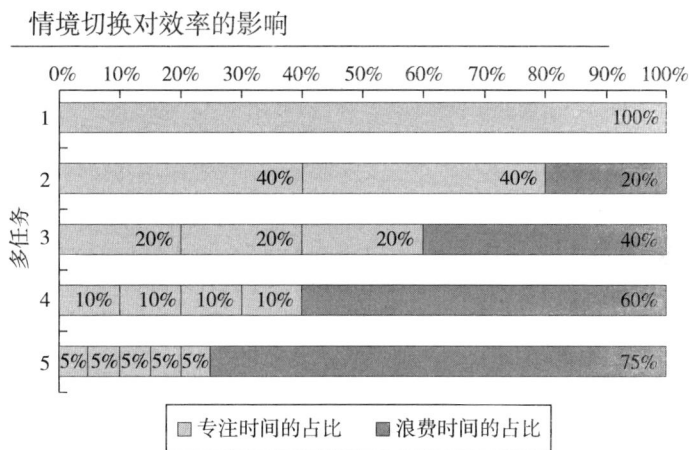

情境切换对效率的影响

| | 0% | 10% | 20% | 30% | 40% | 50% | 60% | 70% | 80% | 90% | 100% |
| 1 | | | | | | | | | | | 100% |
| 2 | | | 40% | | | | 40% | | | | 20% |
| 3 | | 20% | | 20% | | 20% | | | 40% | | |
| 4 | 10% | 10% | 10% | 10% | | 60% | | | | | |
| 5 | 5% 5% 5% 5% 5% | | | | | 75% | | | | | |

■ 专注时间的占比  ■ 浪费时间的占比

图 17-1　多任务切换效果图

这个图清晰地说明了多任务情境切换对效率的影响：当一个人同时处理两个任务时，其效率就会比专注于一个任务时低 20%；而当任务量达到 5 个时，75% 的努力将会被浪费掉。

这种多任务情境切换对效率的影响是很容易理解的。一般地，当我们从一个任务切换到另一个任务时，常常需要付出努力将前一个任务"打包"存入大脑，也要付出努力从大脑中"取出"下一个任务。这些努力都会占用我们的时间，影响我们的效率。

不仅如此，任务切换有时还会导致注意力的滞留。关于这一点，想想我们在与人争吵并因之生气离开现场后，有多长时间自己的注意力和情绪都还未平复，就可以理解了。有时候，我们甚至需要花费很长的时间去平复心情，才能把注意力真正投入到下一个任务中去。

可能正是因为考虑到任务切换对时间的占用，所以学校尤其是中小学在变换不同科目的课程时，都会安排课间休息。

总之，人是不能多任务工作的，至少不能让注意力同时活跃在多个任务上。其实电脑也一样，保持在"前面"活跃的窗口即使有多个，能够接受和响应操作的窗口通常也只有一个。在电脑的设计上，"多任务"时，电脑只是把一些任务放到"后台"去执行而已。这种安排说明那些在"后台"的任务不需要太多的关注。这就像我们边走路边聊天一样，聊天是需要付出注意力的任务，而走路则不需要太多注意力，因此可以在聊天时将走路置于注意力的"后台"。但这种情况也只在路面平整安全时出现，否则过于专注地聊天仍然会影响我们走路，甚至导致我们摔跤。一般来讲，能够被置于"后台"运行的任务，常常是不需要注意力和思考力的，它们在提升效率方面并不能帮助我们取得任何优势。

即便统筹规划和项目管理中常用的"甘特图"，也只是看上去在处理多任务，其本质仍然是全力把每个时刻的注意力都尽可能地放在一个任务上。

## 17.3　高效的秘诀：专注与无滞留频道切换

真正帮助我们获得高效注意力的，是单任务，不是多任务。因此，专注和高效的"频道"切换，才是提升效率的金钥匙。

移动互联时代给了我们很多关于多任务的想象，而且在一些事情上，借助于电子产品，有些时候我们的确看上去做到了多任务并行处理。这让我们对于同时处理多件事情的时间运用状态十分向往。

然而多任务并行处理并不是获得高效率的有效路径。恰恰相反，在某个"频道（任务）"中保持专注，以及在不同"频道（任务）"间合理的切换效率，才是获得高效率的关键。

关于这一点，其实我们是十分了解的。比如，学校从来都不会安排学生同时上几门课程，也不会鼓励学生在同一个时间段里，把注意力分散到多门课程上去。专时专用，上数学课时学生就应只想着数学，上物理课时学生则应只专注于物理，这是老师对学生最常用的关于时间运用的教诲。另外，老师还会在提升"切换效率"上教导学生：无论上堂课讲得如何精彩、前面的考试让自己如何沮丧，在当下这堂课或这场考试开始后，都不要再把注意力留在前面的课程或考试上，要尽快把自己的注意力从原来的那个"频道"切换到当下的"频道"上来。

事实上，我们在运用时间管理自己时最大的挑战之一，就是无法有效去除"时间滞留"——我们从一个任务过渡到另一个任务所需要的时间。关于这一点，我们只要想想自己经历任何失意（比如失恋、考试发挥失常、被人强烈否定等）之后，自己的注意力有多长时间都停留在过去的点点滴滴之中，就非常能够体验到"时间滞留"给我们带来的强烈影响。正如前面所说，当我们的注意力停留在过去时，回忆和咀嚼那些过去就成了我们当时正在处理的最"重要—紧急"的事情。我们把那些思绪放入了自己的"钱包"，让当下生命中最宝贵的资源流逝：形式上在处理当下的任务，注意力却在过往的频道上——我们并没有真正把时间用于当下的任务，从而导致效率低下。

同讨厌纠结的人事实上是在"喜欢"纠结一样，让过长的"时间滞留"占据我们的注意力，从时间的角度看，在行动上我们一样是"喜欢"让时间"滞留"在过往的频道上的。所有运用时间管理自己的高手，都是能够将任务切换的"时间滞留"压缩到极致的人。他们中的很多人，甚至能够让"时间滞留"清零，做到从一个任务切换到另一个任务就像高品质的电视从一个频道切换到另一个频道一样，不需要切换的时间。最强的人还能够在两个极端对立的任务中做到无"时间滞留"切换。这些情形可以是常见的从被上级批评切换到对客户笑脸相迎，也可以是少见而极度艰难的从处理亲人离世切换到高能量地安慰和鼓励他人。所有能够在极端对立的任务中无"时间滞留"切换的人，都是高效率的代言人。

　　一般地，在一个组织里职位越高的人频道切换的效率也越高。高频度的任务切换不允许他们有过多任务切换的"时间滞留"。他们经常是刚从一个气氛紧张的谈判中出来，就迅速地加入一个热情洋溢的业务庆典中去。工作需要他们快速切换自己的状态，不能把完成前一个任务的状态带到下一个任务中去。

# 第 18 章　幸福，是时间流逝带来的一种感受

## 18.1　P–T 幸福线：时间对人的意义

无论我们做了什么，也不管用了什么方法，在一天结束时，我们有时会问自己："这一天我过得如何？"

我们在与朋友见面时也常常问："你最近过得怎么样？"

"这一天""最近"说的都是一个时间段。"过得如何"指的是人的感受。把这些反思和问候放在 P–W–T 模型里，讲的 P–T 幸福线就是：一个时间段 T 对人 P 的意义。

但 P–T 幸福线本身并无意义，因为影响时间对人的意义的是消耗时间的那些广义上的"W"：只有我们把事情花在对自己真正重要的事情上（P–W 成功线），而且效率很高（W–T 效率线），我们才能感受到时间的意义。

真正幸福的人生是这样的：在拥有与平均寿命相当的生命长度时，把时间花在对自己真正重要的事情上，并以非凡的效率完成它们——这会让我们感觉时间过得很快，感叹人生太短，并心生幸福的感受。

我们的幸福感受与我们对时间的感知紧密相联。对时间的感知就是我们常说的时间观念。

## 18.2　时间观念与幸福感受

时间观念是我们熟悉的一个词。"没有时间观念"常常被我们用来形容

错过各种时间设定的情形，比如迟到、拖堂、项目推迟、办事拖沓等。由此，既可以看到时间观念的重要，也可以看到它对我们的影响。

时间观念的本质是我们如何看待时间，以及时间带给我们何种感受。关于这一点，我想先谈一下它与性格类型的关联。在 MBTI 的八个倾向中，关于生活方式的 J-P 倾向就是与时间观念相关的。对于纯粹的 J 倾向的人来说，他们常常觉得时间紧迫，一切关于时间的规划都会有意识或潜意识地影响他们的行动；而对于纯粹的 P 倾向的人来说，他们常常会觉得时间足够，"还早""不用着急"是经常驻留在他们脑中的声音。

时间观念不同，常常会引发冲突。J 倾向的人和 P 倾向的人因持有不同的时间观念而引发冲突的现象随处可见。在生活中，如果有一对夫妻，一人的性格是 J 倾向的而另一人的性格是 P 倾向的，就会经常出现出门时 J 倾向的那位催促 P 倾向的配偶的现象。如果约定时间见面，J 倾向的那位常会提前到达，而 P 倾向的那位则更容易迟到——这显然也是小小口角的触发点。

时间观念与我们的心理感受及言行是相互影响的。比如，当我们觉得人生很长，同时也很美好的时候，我们就会感觉从容，做起事来也会更有章法；如果觉得人生漫长且心情不好，我们就会觉得度日如年，然后在行动上更有可能浪费时间。而当我们觉得人生苦短时，我们的心情自然就会沉重，接下来在行为上就会或者"及时行乐"，在行动上更加消极；或者觉得人生短暂需要珍惜时光，从而在行动上更加努力。

时间观念甚至还会与人的社会地位相关。准确地讲，时间观念与每个人的时间价值相关。假设我们用金钱作为标准来衡量时间，一个大企业家，他用自己每天的时间所做的工作会影响企业的价值，因此，他的时间价值就会远远高于他企业中的一个普通员工。所以我们看到的现象常常是企业家更珍惜时间，而员工却更可能浪费时间。

正是这种时间观念上的不同，造就了人们行为上的不同，从而形成了一种普遍的充满悖论的现象：创造财富能力强的人，其实更有资格"浪费"时间，但他们却并不会那样做，他们常常会更珍惜时间；创造财富能力弱的人，因为没有钱，其实更没有资格"浪费"时间，但事实上他们却更可能浪费自己的时间。当然，这种现象也可以从另一个角度找到逻辑自洽：创造财富能力强的人，单位时间的价值高，比如可能每小时值上百万元；而创造财富能力弱的人，单位时间的价值低，比如可能每小时只值 80 元。价值高的自然不舍得浪费，而价值低的就会觉得浪费了也不可惜。

意识到时间观念所造成的这些影响，对于我们如何使用时间作为生命根本的最重要的资源，具有十分重要的意义。

除了把时间看得重要和长短不同之外，在时间观念上，我们还可以思考以下几个维度和现象，从而深入理解时间对我们的幸福感受的影响。

首先是时间的**客观特征**。尽管时间是一个人为的概念，但它的客观性却是毋庸置疑的。根据人类对于时间的定义，一年只有 365 天，一天只有 24 小时，一小时只有 60 分钟，一分钟只有 60 秒。这些都是客观的、无法更改的。

其次就是时间是单向流动且不可储存的。没有人能够回到过去，也没有人能够把时间像金钱一样存储起来，留着以后使用。

接下来需要思考的维度是我们对于时间的体验或感受。

对于同一段时间，有时候我们会觉得时间很长，有时候又觉得过于短暂。其实时间本身的长度并未改变，而是消耗那段时间的事情对我们的心情造成了影响，如果在那段时间里我们经历的事情是我们的兴趣所在，我们就会觉得时间过得飞快，太短了；如果在那段时间里我们所体验的不是我们想要的，我们就会觉得度日如年，时间太长了。

这就是时间观念对我们感受的影响，它在终极程度上决定我们的幸福程度。

从时间的角度影响他人时，我们要追求的效果可以用图 18-1 来表示。

举例来说，当我们影响他人时，比如运用当众表达力面对一群人发表演讲时，从时间角度上看，最好的效果就是说好讲多长时间，比如两个小时，就准时在两个小时的终点结束，让自己所感知的时长与客观流动的时长相一

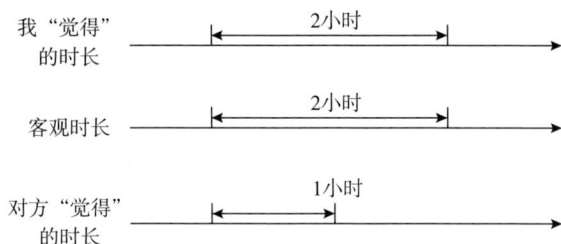

图 18-1　从时间角度观察到的影响效果

致。但对于听众而言，他们感觉到的逝去时长却要短于客观流走的时长，此时他们的感受就是我们平时所说的"意犹未尽"。

拥有这样的时间观念，并追逐这样的效果，对于我们影响他人、与人相处都极为重要。比如，如果我们与家人共度一生，自己最终高寿离去，家人们都觉得时光太短，这就说明我们用好了自己与家人相处的时间，给他们带去了好的"还没过够"的感受。反过来，如果一个人让他人感觉活着的时间太长，则是他的悲剧。

当我们与同事讨论工作，事情高效完成，又刚好用完预约的会议室时段，而同事们感觉"时间怎么过得这么快啊"时，我们也就在那段时间里达成了对同事的出色影响。

在生活中，如果我们能够在与伴侣相处时，让对方就每一个时间段、每一个纪念日都感觉时间如飞、光阴似箭，我们就给予了对方幸福的人生感受。

当然，我们也可以用时间观念对他人施加逆向影响：让对方在时间上的主观感受"长"于客观时长。比如，有时候我们不想与对方再聊下去，希望对方觉得无聊而知趣地终止互动，就可以在特定的时长里，挑对方最不感兴趣的话题来聊。对于这种时间，对方对时间的主观感受就会变"长"，从而觉得聊天无趣而退出。

但无论对方的主观感受如何，有一点对于我们自己始终是重要的，就是我们对时间的主观感知，最好还是要与时间的客观时长相一致。

如果我们对时间的主观感知短于客观时间，就会陷入"自恋"的情境。图 18-2 显示了一个糟糕的影响人的例子。

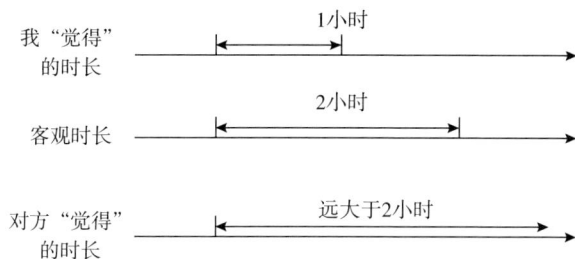

图 18-2　一个糟糕的影响人的例子

这个图描述的就是那些没有时间观念的人，在与人互动中造成的、常常连他们自己也没有觉察的情境。比如在开会时，很多领导常常会在自己发言时，先明确一下"我只讲 5 分钟"，然而实际上讲了 50 分钟还没有讲完，而且自己可能还觉得没用够"5 分钟"。事实上，时间不仅远超他们所"觉得"的长度，台下听众的心思其实早已飘到场外，甚至感觉度日如年了。

因此，对于不同效果的追求也会影响我们的时间观念。比如，如果我追求第一种让他人与我互动时拥有"意犹未尽"的效果，我就会很重视那段时间，并思考以何种方式运用那段时间才能达成那样的效果。

总结起来，合适的时间观念应该包括以下几点。

第一，时间是最宝贵的资源，是生命最基本的表达。人活着才有时间，否则时间就不再有任何意义。

第二，时间的流动是单向的、不可逆的。我们不可能回到过去，也不可能把时间像金钱一样储存起来，留着未来使用。

第三，努力追求对时间的主观感知与其客观流动相一致，并能够根据想要达成的目标（让他人感觉不够、等于或者超过客观时长等），对时间进行合理运用。

第四，对时间价值的认知会影响我们的行为。时间价值越高的人，越珍惜时间；反之则越愿意浪费时间。浪费又会让时间的价值变得更低，因此，除非浪费时间（生命）是我们的目标，否则我们就应该寻找能让时间价值增加的事情，把时间投到它上面去。

只有深入理解并掌握时间观念的以上内容，我们才能够掌握时间带给我们自己和他人的感受——良好的感受，正是幸福的基石。

# 18.3  心流

心流（Flow）是积极心理学奠基人米哈里·契克森米哈赖（Mihaly Csikszentmihalyi）提出的一个概念。他定义了心流的 8 个特征，包括任务明确、全神贯注、目标明确、即时反馈、投入深入、乐趣感、忘我的状态和时间感改变。

显然，在进入心流状态的时间段，人一定是幸福的。想象一下，一个人要是一生都处于心流之中会收获多么幸福的体验。

时间感改变是幸福的重要标志之一，因为"幸福的时光总是短暂的"。但如果时间感改变导致了真正忘记了时间的存在，则并非好事，因为忘记时间的存在很可能会导致我们浪费时间。

从时间的视角，我们希望达到的幸福的生活状态可以用图 18-3 表示。

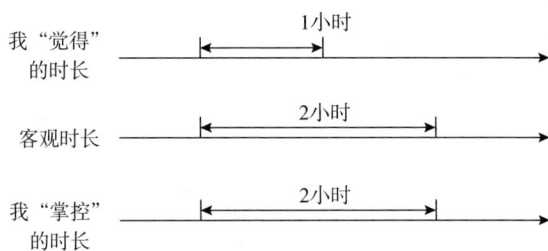

图 18-3  心流：忘我，不忘时

当我们"感觉"人生过得飞快，但仍知道自己身处哪个阶段（时间段），人生旅途中哪个时间站点（时间点）让时长和时点都在我们的准确"掌控"之中，并对每个度过的时段和时间都感到满意时，显然，我们就是幸福的。

心流是一种很重要的幸福感受。有谁能在心流中度过一生吗？如果一个人能做到那样，我想，他一定是幸福的。

# 第 19 章　性格成长力与时间影响力

性格成长力是我们高效习得各项能力的基础。在这一部分，我将讨论如何将性格成长力应用于持续高效地提升自己的时间影响力。

不同的 MBTI 维度对优先级管理（P–W 线）、工作效率（W–T 线）和时间观念（P–T 线）都有着直接的影响。意识到这些影响并能够有意识地根据需要驾驭它们，我们将能够有效避免由性格倾向代替我们做出关于事务优先级（P–T 线）决定的情况，从而提升工作效率（W–T 线）并真正掌控时间（P–T 线）。

## 19.1　E–I 维度

在时间运用的 P–W 线上，E 倾向会让人更喜欢多任务处理并迅速做决策，因而倾向于将更多精力放在须即时完成的、外部的任务上，并通过社交互动来获得反馈。例如，E 倾向的人会优先处理团队会议或与同事讨论等任务，而较少关注独立分析的任务；而 I 倾向的人则更注重独立完成任务，他们可能会优先安排需要深度思考的工作，比如数据分析或写作。

意识到 E–I 维度上的两种倾向对优先级管理的影响，将有利于我们减少性格倾向对我们的影响，从而根据目标来管理优先级。E 能力将能够帮助我们更好地运用"十字互动论"：通过积极主动地与他人沟通，帮助自己和对方判断事情的价值，决定是否接受对方提出的请求，以及将对方的事项放到自己的哪个象限中去进行处理。而 I 倾向可能会让我们更倾向于独立工作，而忽略在与人沟通中判断工作的优先级。因此，I 倾向的人需要提醒自己注重团队互动，充分用好"十字互动论"来对工作的优先级进行有效判断。

在 W-T 效率线上，E 倾向的人更容易在不同任务中切换，因此可能陷入"多任务工作"陷阱。他们需要在完成优先级判断后，按效率原则减少在不同任务中的切换。对 I 倾向的人而言，其 I 能力有利于他们更好地专注于单一任务，在 W-T 效率线上获得提升。但同时，他们也需要防止自己过于沉浸在单一任务中，注意拓展自己的 E 能力以应对必要的任务切换。

在 P-T 时间观念线上，E 倾向的人会觉得自己能够掌控时间，处理更多任务，但也可能会因精力分散而觉得过于忙碌，从而失去对时间的掌控。I 倾向的人在处理单一任务时对时间有较强的掌控感，但也可能因为过度专注而失去对更多必要任务的时间投入。

E-I 维度对时间影响力的作用可以用表 19-1 来总结。

表 19-1　E-I 维度对时间影响力的作用

| 特征维度 | E 倾向 | I 倾向 |
| --- | --- | --- |
| P-W 线 | 倾向于多任务处理，活跃在多个项目中。对优先级的思考可能不够深入 | 倾向于单任务处理，专注于单一目标。可能因为过于独立而忽视团队协作的需求 |
| W-T 线 | 易因外部干扰而中断工作，难以长时间专注，容易陷入"多任务工作"陷阱；可能低估需要高专注力的任务的时间需求，比如深度思考、复杂的报告撰写或长期规划 | 倾向于处理有深度的复杂任务，但在切换"频道"上可能会有较长的"时间滞留" |
| P-T 线 | 可能会因过度承诺导致精力分散或任务延误，进而失去对时间的掌控 | 过于专注单一目标可能会失去时间在不同任务中的平衡 |
| 其他 | 可以通过 E 能力，充分发挥"十字互动论"在判断优先级上的价值 | 独处过多可能忽视团队协作和外部需求，需要强化"十字互动论"的应用 |
| 成长建议 | 为独处和深度思考安排固定时间，比如早晨或会议间隙；使用时间管理工具（比如任务清单或番茄钟法），避免分心；审慎筛选社交活动，优先选择能带来实际价值的活动 | 定期与团队互动，获取必要的信息和支持；设置清晰的优先级，避免在单一任务上花费过多时间；在工作与社交之间找到平衡，避免因独处过多而脱离群体 |

## 19.2 S-N 维度

S 倾向的人倾向于关注现实和具体的细节。在 P-W 线上，他们会通过清单和细化的计划来安排任务。例如，他们可能会优先完成那些有明确步骤和具体要求的任务，如回复客户邮件或更新项目进度表。而 N 倾向的人则更关注大局和未来发展，他们在设置优先级时，可能会倾向于那些能促进长期目标实现的工作，如战略规划或团队创新。他们可能会在烦琐的日常任务上投入较少精力，而集中处理那些未来能带来机会的任务。

对 S-N 维度的驾驭，对我们非常重要。S 倾向上的 S 能力能够帮助我们有效地处理当下的细节，而 N 倾向上的 N 能力则能够让我们"抬头看天"，关注未来或更整体的工作。平衡好这些，显然是我们处理优先级时需要做到的。

在 W-T 线上，S 倾向的人对细节的关注需要加以管理，使之保持在一定的程度上，否则可能因关注细节过多而导致效率下降。而 N 倾向的人有时会显得"效率过高"，这是对细节关注不够造成的。N 倾向的人容易因为整体感而用"差不多了""不过于关注细节"来节约时间、提升效率，这是值得警惕的。

在 P-T 线上，S 倾向的人会因为对细节的关注，往往感到时间的紧迫和不足，这可能会影响他们对时间掌控的信心。而 N 倾向的人则因为更关注整体目标，往往能够在较大范围内掌控时间，但也可能因为忽视细节而对实际的时间需求产生误判。这两种倾向都会影响任务的最终完成时间和质量。

S-N 维度对时间影响力的作用可以用表 19-2 来总结。

表 19-2　S-N 维度对时间影响力的作用

| 特征维度 | S 倾向 | N 倾向 |
| --- | --- | --- |
| P-W 线 | 倾向于处理具体任务，优先考虑清晰的短期目标 | 倾向于优先处理战略性任务，更关注长期目标 |
| W-T 线 | 易因过多关注细节而拖延整体进度，可能忽视全局规划 | 易因缺乏细节关注导致成果不够具体或可执行性差 |

续表

| 特征维度 | S 倾向 | N 倾向 |
| --- | --- | --- |
| P–T 线 | 常感到时间紧迫，因为细节工作占用了大量时间 | 时间掌控感较强，但可能因低估细节需求而使工作延误 |
| 成长建议 | 定期回顾整体目标，避免过度陷入细节中 | 列出关键细节任务清单，确保成果具体且高质量 |

## 19.3 T–F 维度

T 倾向的人通常以逻辑和客观分析为导向，他们在 P–W 线上更倾向于通过理性评估任务的价值和重要性来决策。比如，T 倾向的人可能会优先选择那些能够带来高效益或解决实际问题的任务；而 F 倾向的人则更注重情感和人际关系，他们在管理优先级时可能会倾向于考虑他人的感受和需求。比如，他们可能会优先处理那些对团队氛围或个人关系有积极影响的任务。

对 T–F 维度的理解能够帮助我们更全面地优化任务管理。比如，T 倾向的逻辑分析能力能够有效提升任务的可执行性，而 F 倾向的情感敏锐度则能改善人际协作和团队氛围。在使用优先级管理工具时，T 倾向的人需要注意在逻辑分析中加入情感因素，而 F 倾向的人则需使用工具强化对任务逻辑的梳理。

在 W–T 线上，T 倾向的人通常通过理性分析提高效率，但可能因过于注重效率而忽视团队情感；而 F 倾向的人则能在协作中提升效率，但可能因过于关注人际关系而延误工作。

在 P–T 线上，T 倾向的人对时间的掌控更依赖于逻辑规划，因此他们在完成具体任务时掌控感较强。但如果遇到有情感需求的任务，他们可能会因逻辑不足而丧失掌控感。而 F 倾向的人由于更注重情感和人际需求，他们的时间掌控感容易受到他人因素的影响，从而可能导致时间的灵活性和掌控感不稳定。

T–F 维度对时间影响力的作用可以用表 19–3 来总结。

**表 19–3　T–F 维度对时间影响力的作用**

| 特征维度 | T 倾向 | F 倾向 |
|---|---|---|
| P–W 线 | 倾向于选择逻辑清晰、对结果有直接影响的任务 | 倾向于优先考虑对人际关系和团队氛围有益的任务 |
| W–T 线 | 注重理性分析，易于提高任务的执行效率，但可能忽视情感因素 | 易因顾虑他人感受而拖延决策或推迟任务 |
| P–T 线 | 对时间的分配较为客观，但可能因过度专注效率而失去灵活性 | 时间分配更具弹性，但可能因情感导向导致进度失控 |
| 成长建议 | 加强对人际需求的关注，适时调整任务优先级 | 使用逻辑工具（如矩阵分析）优化任务排序与决策 |

# 19.4　J–P 维度

J 倾向的人倾向于计划性和结构化，他们在 P–W 线中更注重提前规划任务并按部就班地执行。比如，J 倾向的人可能会优先完成那些已经列入日程的任务，并在截止日前尽早完成。而 P 倾向的人则更偏向灵活性和即兴处理，他们更容易根据环境的变化重新调整优先级。比如，P 倾向的人可能会选择先处理突发事件，而暂时搁置计划中的任务。

对 J–P 维度的驾驭，关键在于找到计划与灵活之间的平衡。J 倾向的计划能力可以帮助我们让任务按照既定步骤推进，而 P 倾向的适应能力则能让我们在变化的环境中灵活应对。将两者结合能显著提升任务完成的质量与效率。

在 W–T 线上，J 倾向的人通常通过有序的流程提高效率，但可能因过于死板而降低应变能力；而 P 倾向的人则通过灵活性提升效率，但过于随意的任务管理可能导致整体进度受阻。

在 P–T 线上，J 倾向的人通常表现出较强的时间掌控感，他们依赖计划来实现对时间的严格控制。但如果计划被打乱，他们的掌控感可能会迅速下降。而 P 倾向的人则更擅长在动态变化中找到新的时间平衡点，尽管这种方式可能会使整体的时间掌控较为松散。

J–P 维度对时间影响力的作用可以用表 19-4 来总结。

表 19-4　J–P 维度与时间影响力的作用

| 特征维度 | J 倾向 | P 倾向 |
| --- | --- | --- |
| P–W 线 | 倾向于按计划完成任务，避免突发事件的干扰 | 倾向于根据实际情况灵活调整优先级，易于适应变化 |
| W–T 线 | 注重结构化工作流程，但可能因过于死板而降低灵活性 | 注重灵活性，但可能因缺乏计划而导致效率下降 |
| P–T 线 | 对时间的掌控感强，但可能因过于注重计划而忽视临时机会 | 时间掌控感较弱，但能快速应对变化，利用突发机会 |
| 成长建议 | 留出一定的时间处理突发事件，避免过度依赖计划 | 制定灵活的计划框架，避免完全无序的时间分配 |

性格成长力作为高效习得各种能力的基础，不仅能够帮助我们理解自身的行为模式，还为我们持续提升时间影响力提供了有效的方法。通过提醒我们更好地驾驭 MBTI 性格倾向，性格成长力不但能够让我们充分发挥个性特质在时间管理中的优势，还可以有效弥补潜在短板，从而大幅度地放大我们的职场价值。

在职场中，无论是倾向多任务的外向性（E 倾向）还是注重深度思考的内向性（I 倾向），建立在每个倾向上的能力在优先级管理、效率提升和时间掌控上都有独特的价值。通过意识到这些性格倾向对行为及能力习得效率的影响，并在实际工作中有意识地调整，我们可以避免受性格倾向所左右，摆脱在优先级及时间管理上的束缚。比如，E 倾向的人可以通过提升专注力减少任务切换带来的效率损失，而 I 倾向的人则能够通过增强团队互动优化优先级判断，使时间管理更贴合职场需求。

性格成长力还能够帮助我们平衡不同维度的特性。比如，在认识到 S 倾向专注于细节却可能忽略全局，N 倾向善于规划却易忽视执行细节后，我们就可以有意识地平衡这两个倾向上的不同能力。比如，S 倾向的人可以提醒自己定期回顾全局目标，而 N 倾向的人则可以通过明确细化任务清单来帮助自己管理细节。这样，我们就能够将两者结合以实现效率与质量的同步提升。在工作中，这种能力意味着更精准地计划、更高效地执行及更敏捷地应变，从而放大时间影响力，提升职场表现力。

正如"十字互动论"所指出的那样，时间影响力的应用和提升常常发生在团队协作中。从团队的视角看，性格成长力的提升并不仅限于个体本身。在团队合作中，T 倾向的理性分析能力和 F 倾向的情感共鸣力可以通过互补实现更高效的协作，而 J 倾向的计划性和 P 倾向的灵活性也能通过协调，推动团队在动态变化中稳步前行。这种个人成长与团队合作的协同作用，能够帮助我们更好地发挥时间价值，从而创造超出预期的职场成果。

通过深刻理解性格成长力，我们不仅可以高效掌控时间，还能提升对任务的驾驭能力和资源的整合能力。这种基于性格成长的优化，使得时间管理从单纯的工具上升为一种战略性技能，在放大职场价值的同时，也能够为个人与职业的全面发展奠定坚实基础。

# COMMUNICATION

第 3 篇

# 沟通协调力

在校学习时，成绩通常是衡量学生学业最重要的指标，而各科的学习成绩常常是相当客观的。学生只要考出好的成绩就能够获得一份好的成绩单。职场中的情形却很不一样，因为衡量一个职位的指标常常更加复杂，更重要的是，很多时候，工作业绩是需要他人的协作才能够取得的。如果拿答卷来作比方，学生在学校答卷时，绝大多数是独立完成的，别人一般不会在自己的卷面上写下什么，因此对作答者的成绩施加影响的可能性也很小；但在职场中，一个人"答卷"时，卷面总会留下他人的痕迹，并对最终的"得分"（业绩）造成影响。

因此，在职场上，一个人在高效用好自己的时间完成工作的基础上，最需要做的事就是沟通和协调。

有效的沟通是一个对工作业绩进行价值确认和放大的过程。在职场中，很多像我一样内向的理工科毕业生，常常能够把自己手中的工作做得很好，但却因为不注意或不擅长与人沟通而不能让人了解到自己的优秀之处。"做得好，领导自然会看到"这种思想常常会占据他们的头脑。然而遗憾的是，这种想法常常是错误的。试想一下，如果有一个把事情做得同样好，甚至略差一点但却注意且擅长与人沟通的同事，他所做出的业绩肯定更能够让上级和身边的人知晓，他的可见度一定更高，在新的机会到来之时，无论是领导还是同事，想到他的可能性也就更大。

举一个简单真实的例子来说明沟通对职场价值的放大作用。很多人在完成一份上级交代的报告后，都会按上级的要求，把报告通过邮件或其他方式发给上级。这个"标准动作"多数人都能做到。但那些真正懂得沟通的人，则会在这基础上多做一些：他们在把报告发给上级之后，会以其他方式（常常是通话或见面这样的即时沟通且非文字的方式）向上级表达这样的想法："领导，我刚刚把您要的报告通过电子邮件发给您了。您一会儿如果有时间，我想专门向您就报告的内容做个汇报，这样既能节约您的时间，也可以让我把一些没法写进去的想法报告给您。"

不要小看这个"附加"的自选动作，它可以放大一个员工完成那份报告的价值。这个自选动作不仅体现了员工的主动性、为领导考虑的周到性，还可能为自己影响上级赢得机会。很难想象，会有上级不欣赏这样的"附加"动作。

对于放大职场价值而言，沟通，首先是有利于让相关的人了解我们所做的工作。千里马再好也需要遇到伯乐才行。而沟通，就是千里马主动去寻找伯乐，而不是坐等伯乐上门。当然，正如前面所说，沟通也是我们赢得支持、获得有效输入以更好地完成工作的最重要方式。

事实上，在时间影响力中，"十字互动论"已经涉及沟通了。没有出色的沟通能力，一个人只会在团队中失去时间，让自己拥有的时间资源变少。当然，用好时间干好活之后，我们还要以有效沟通的方式、让合适的人知晓自己的成绩。只有这样，我们的职场价值才能够被进一步放大。

正因如此，我才把沟通协调力，尤其是在困难情境中有效沟通的能力纳入软实力调色盘里，并把它作为软实力的万千色彩的基础之一。

# 第 20 章 离开沟通，我们将无法生活

## 20.1 社会性动物生存的基本方式

如果你愿意，就能够觉察到与自我的对话，那是你与自己的沟通。人际互动，没有沟通更是无从谈起。

在我进入软实力训练领域后的相当长一段时间里，我都受困于一个说法，就是很多人，包括培训管理的专业人员，都会把一些课程归入"沟通类"，并把它们与诸如"领导力""影响力"等区分开来。我一直对此十分不解，因为在我看来，所有人际技能的课程都是建立在沟通的基础上的。沟通，就像电脑的操作系统一样，是其他所有人际技能的基石。有什么"影响力"能够不通过沟通去达成吗？有什么"领导力"不是通过沟通实现效果的吗？

沟通是我们生存的基本方式。作为社会性动物的我们，离开它将无法生活，我们作为"社会性动物"的属性也将不复存在。即使抛开"社会性"不谈，我们与自己的交流、阅读书籍、获取和处理信息，本质上都需要通过沟通来完成。

首先，我们每天都在与自己沟通。如果我们观察自己大脑的活动就会发现，我们大脑中所做的一切都是以沟通的方式进行的。我们对外表现出来的言行就是我们与自己沟通的结果。沟通，本质上就是思想的传递。我们的思想要变得更加深刻，就需要进行深入的思考，而思考本身就是通过沟通完成的。我们处理从外界获得的信息，比如读书看报，哪怕是当下停不下来的刷手机也是通过沟通实现的——那是我们在与提供信息的介质进行的沟通。

其次，我们知道，人是需要活在人群中的。我们从生下来的那一刻起就

一直处于与他人的沟通中。没有与他人的沟通，我们将无法获得我们想要的一切。即使是我们想给予和付出，也需要沟通才能够实现。

沟通在我们的生命中有些类似于人类社会的那些必需的基础设施，比如水电、道路、现代社会的通信网络等。在培训领域，沟通与其他人际技能的关系就像公路与汽车的关系一样。没有公路，汽车是无法行驶的，汽车所装载的货物更是无法移动。

比如，一个人想影响另一个人，良好的沟通是基础。没有良好的沟通，信息的传递就不可能有效，接收方要么不愿意接收信息，要么不愿意理解信息，那接收方受影响的可能性就会很小。这就像一辆车要想从河的一边开到另一边，架在河上的桥梁一定要足够坚固一样——沟通就是人与人之间有效互动的那座"桥梁"。

在管理实践中，我们常常能够看到一些个人能力非常强的人，他们对业务有很好的想法，但这些想法常常得不到认可。他们在沟通中喜欢"直来直去"，不喜欢那些在他们看来"无意义的聊天"。他们这种与人互动的风格，就像开车过河时，即使河上没有桥梁，也要强行向对岸开一样。

有意思的是，很多关于情商方面的专业研究都会把"能够与他人进行无意义的聊天"作为一种特别重要的能力。这是有道理的，因为在人际互动中，"直来直去"的那些内容就像汽车中装载的货物一样，需要良好的沟通作为"桥梁"，才能顺利"通过"，为互动的另一方所接受和理解。

## 20.2 你不可能不沟通

我刚入职场的那些年，由于深信"学好数理化，走遍天下都不怕"，以及"我做得好，领导看不到，是领导有病"等观念，对人与人之间的沟通互动一直不屑一顾。

不仅如此，有时候我还会觉得，是否与人沟通掌握在自己手中：只要我不与对方互动、不理对方，就算是停止了与对方的沟通，沟通是受控于我的，我能够做到"不沟通"。

很多年后我才真正理解沟通的这个基本原则：你不可能不沟通。

估计大多数人第一次听到这个原则时都不会相信它。但只要深入思考一下，尤其是做些努力去对其"证伪"——用实例证明它是错的，你就会明白它是对的。且不用说广义上我们与自己的沟通，就算在人与人之间，我们能找到一个实例说明自己能够不与人沟通吗？似乎不能。

就拿我当年决定不理同事小李这件事来说吧。我不理他了，沟通就真的停止甚至没有了吗？其实不是，小李会看到我不理他了，而且会持续收到这些信息，而他会解读这些信息。这个过程就是我与他沟通的过程。

我在一次工作汇报中被上级批评了，接下来就想回避与上级的沟通，全力避免与上级见面，甚至请假不去上班。在这种情形中，我与上级的沟通就停止或不存在了吗？其实不是，关于我的信息上级依然能接收得到：我不见了。他自然也会解读这样的信息。这样一来，我与他的沟通，依然在发生着。

在职业生涯的初期，我犯了大量这样的错误。我根本没意识到，任何言行都是沟通信号，而人又是不可能不沟通的。如果我从别人的世界中消失了，沟通还存在吗？这取决于对方是否还能想到我，如果他想到我了，沟通就发生了：他得到的关于我的信息是"无"，这个"无"会影响他与我的继续沟通——也许他决定再也不想我了，也许会通过别人打听一下我，也许会温习一下我们曾经度过的时光等。

意识到我们在一个人际环境中"不可能不沟通"，是非常有价值的，尤其是对于那些不喜欢与人沟通的 I 倾向的人而言。一般地，在职场中一个人的职位越高，与人沟通就越重要。而对于一个人的升迁而言，有效的沟通也是极为重要的助力。

## 20.3　沟通是协调资源所必需的

无论一个公司拥有多么清晰的资源分配规则，沟通始终是协调资源的重要方式，尤其是在各种规则无法界定的模糊地带。

比如，公司里常常有跨部门的项目，在这样的项目中，项目经理的主要工作就是通过与各相关部门的沟通赢得相关的资源支持。就拿很多公司组织年会这件事来说吧。假设年会由行政部门发起并安排人专门负责组织，这位负责人最重要的工作就是通过沟通去赢得其他部门的支持。对于这种支持，很少有公司制定特定的制度，规定哪个部门应该为年会提供何种支持。在这种模糊情境中，年会项目负责人的沟通协调力就成为成败的关键。一个擅长沟通的人常常能够把年会办得风生水起，而一个沟通能力欠缺的人甚至无法让年会成功举办。

对于每个公司的销售人员来说，支撑他们完成其销售任务的基础能力就是沟通协调力：通过与客户的沟通，他们了解客户的需求；通过与内部不同职能部门人员的沟通，他们协调资源及时完成订单；之后再通过与客户的沟通完成收款。

事实上，职场中的每个人在某种意义上都是"销售人员"，都需要通过沟通了解自己所服务的内外部"客户"的需求，需要通过与自己的内外部"供应商"沟通以赢得完成服务所需要的资源。在为客户提供服务的过程中，"销售人员"一样也离不开沟通。

沟通是我们协调资源所必需的。离开沟通，我们基本上无法有效完成工作。

# 第 21 章 职场升迁与沟通风格的演变

## 21.1 由少到多

一个人的职位越高，花在沟通上的时间就越多，沟通的对象和内容就越多元。很多高级管理者甚至会把工作的绝大多数时间都花在沟通上，各种会议填满了他们的日程。

职位的升迁常常不可避免地让沟通变得不仅在数量上越来越多，而且在内容和对象上也越来越多元。导致这种变化的原因很简单：职位越高的人掌握的资源也越多，这必然导致需要从他这里获取资源的人也越多。沟通，是影响资源分配最重要的方式之一。

一个普通员工的沟通对象相对有限，除了最重要的上级就是自己工作需要服务的内外部"客户"，还有给自己提供支持的人。沟通的内容也大多局限于其工作职责。当他成为经理时，很自然地，他就成了一个团队的焦点，同时也是团队的代言人，他的沟通对象不仅有团队成员、自己的上级，还有团队所服务的内外部"客户"和为团队提供支持的"供应商"。在沟通内容上，他也比一个普通员工要复杂得多，至少要涉及向他汇报的每个普通员工的工作内容。当他成为更高级别的、管理多个部门的总监甚至副总时，沟通的对象就更加多元、内容也更加复杂了。

了解沟通的这种变化对于我们的职业发展十分重要，尤其是对于 MBTI 性格类型中的 I 倾向者而言。无论人们多么倡导组织结构"扁平化"，也无论信息流动如何自由，人类社会的运营在资源分配上依然存在金字塔结构。这种结构必然导致身居高位者拥有更多资源，希望获取资源的人必然要与其互动沟通。因此，无论我们的发展方向如何，是成为专家还是成为管理者，向金字塔顶端的每一步迈进都会对我们的沟通能力提出更高的要求。

事实上，一个人即使想"躺平"，无意向社会或组织的金字塔顶端前进，他的人生进程也一样会对他的沟通能力不断提出新的要求。就说在家庭中吧，一个人即使是最普通的人，也会在成年后多少承担些责任。那么，他每多担一点责任，沟通的需求就会多出一些来：谈情说爱显然比独自学习需要更多的沟通，而组建家庭后对沟通的要求也会增加，因为影响家庭生活的利益相关者变多了。在工作中也一样，现在的工作环境变化很快，身边的人也更换得更加频繁，要想"保住"自己的工作，就要不断提升沟通能力，增强沟通协调力。那些不在这方面投入的人，面临的往往是职业上的退步，由"躺平"变成"被压平"。

## 21.2 从善解人意到直面冲突

在领导力等软实力发展领域的长期工作，让我有机会见到不同人员在不同层级上的升迁和变化。有一次，我与一位升职不久后的高管聊天，其中自然会涉及升职后的变化。我问他："这次升职给你带来的最大变化是什么？"他说："变化有很多，其中一个让我感受最深的变化就是沟通更直接了，或者说，需要我更加直接地面对冲突了。"

接下来他解释道："升职前，我的上级在与我沟通时，还会多少照顾一下我的情绪。如果遇到我情绪不好，他甚至会改变沟通的话题或者推迟沟通的时间。但现在我的上级可不会这样。他与我的沟通简短而直接，总结起来就是三个问题：现在达成的业绩有多少，与目标有多大差距，接下来怎么办。就这么简单。在讨论接下来怎么办时，我的上级会直接就我的想法进行评论，评论时只会客观理性地分析和挑战方案本身，好的就是好的，不好的就是不好的，完全不会因为我为任何一个想法付出了多少努力而影响他的评价。"

最后他说："回想起来，我在职场上的每次升迁，在与人沟通尤其是与上级沟通方面都在变得更加直接，需要我更加勇敢地直面冲突。"

这位高管学员的分享让我想到了苹果的创始人史蒂夫·乔布斯（Steve Jobs）的一个观点：顶级人才的自尊心不需要呵护。能成为高管的都是顶级人才，他们在与同级别的人沟通时常常更愿意直面冲突，敢于表达不同的观点，也善于通过有效的沟通在不同观点中找到双赢甚至多赢的方案。

要想体验职场层级对沟通能力的"升级"要求，就必须去观察每一层级中的管理者与其上级或同级沟通的情境，而不是他们与下属沟通的情境。相对而言，向下的沟通对他们是容易的，因为他们拥有职位上的优势。真正考验和体现他们能力的，是他们与上级或平级，尤其是那些需要紧密协作但同时充满冲突的平级的沟通。在这些沟通情境里，与低一层级的人在类似情境中（向上或平级沟通）相比，他们的沟通更加直接，也更能直面冲突。造成这种风格变化的原因也很简单：层级越高，需要处理的情境越复杂，事务的数量也越多。在高层级上任职的管理者，即使出于效率的要求，也必须将自己的沟通风格变得简洁、直接和高效。

意识到沟通风格随职位升迁的这种变化，对我们的职业发展一样很有价值。它可以为我们丰富和提升自己的沟通能力提供方向指引。如果用 MBTI 性格类型的语言来描述，就是我们要更多地提升 E 能力来强化表达，更多地提升 T 能力来就事论事、追逐结果，更多地提升 J 能力来控制时间。

当然，这种从善解人意到直面冲突的沟通风格的变化，并不意味着一个人升职后就只会直面冲突而丢掉善解人意。沟通风格的变化方向是拓展和丰富，而不是替代。这就是高级管理人员既能够在董事会上以直面冲突的风格与其他身处高位者进行有效沟通，也能够在视察基层工作时以善解人意的风格与普通员工进行有效沟通的原因所在。

## 21.3 从具象到抽象

职位的提升还会导致沟通风格从具象走向抽象。这与不同层级的人的工作内容相关。位于组织底层的员工处理的都是具体工作，其在日常工作中的沟通内容自然会很具象。高层管理人员则不同，他们一般都离具体工作较远，甚至对有些具体工作一无所知，他们日常工作中的沟通在内容上必然较为抽象。

一个人在职场上升迁的过程，也是他对工作的认知不断深化的过程。这种认知深化的结果就是看到或懂得了关于工作的更多规律。职场中的每一次升迁都会让升迁者离具体的东西远一点，而离抽象的规律近一些。正是这些变化影响了不同层级管理者的沟通风格。

想一想我们在工作汇报或会议中遇到的挑战，就能够清楚地看到这些不同。一般情况下，我们在向上级汇报工作时常常会做很多准备，这些准备自然会涉及各种细节。但在汇报的过程中，我们常常会被上级的"拣重要的说"打断，然后不知道在业已准备好的几十页资料中如何找到上级想要的重点。在会议中，我们也不时会被级别更高者要求"不要谈细节"，或者"这些细节会后再去处理"。这一切都是不同层级管理者的不同沟通风格所导致的。

了解职场层级对沟通风格在这方面的演变要求，对我们的职业发展也很有意义。它提示我们，即使是一个层级的工作，也要通过不断发现工作规律（这显然需要出色的思辩力）来为未来升迁后的沟通能力做准备。

# 第 22 章　生来就会，精通却难

关于沟通，除非一个人过于盲目，否则他一定会赞同这样一个结论：没有人不会，但也没有人能说自己精通。

## 22.1　与生俱来，从众发展

沟通是我们与生俱来的能力。我们从生下来那一刻起就会沟通，以哭喊及各种肢体动作来赢得注意、获得食物和照护。接下来，随着语言能力的发展，我们能够更好地表达自己的想法，并开始将沟通作为学习和成长的基础性支持：我们通过沟通习得各种规矩，表达各种诉求，适应各种情境等。

正如我在前言中写的那样，一般情况下，我们的沟通能力达到所处人群的平均水平后就会进入平台期。在这个平台期，我们的沟通能力要么停滞不前，要么就只按所处人群沟通能力的"平均增长率"增长，就像我在前言中图 0-1 所示的曲线一样。

沟通能力固化或者只随所处人群的平均水平提升的现象十分普遍，其中的原因之一，可能是当其达到平均水平后，已经能够满足我们的基本需要。这有些像教育，当我们的受教育程度达到当时的平均水平时，工作或生活所需的技能也就能够达到平均水平，在这种情况下，我们只要随着大众一起成长即可。

在这种情况下，只有优秀的人才会继续提升自己的沟通能力。道理很简单：优秀的定义是超越大众，而超越大众就需要付出比大众更多的努力。优秀的人总是少数，因此，沟通能力的分布特征可以形容为：生来就会，很多人也能够达到平均水平，但真正出色的只有少数人。

## 22.2　一生的修炼

即使按照多数人的人生轨迹，人对沟通能力的需求也是随着年龄的增长而增加的。在进入幼儿园之前，我们接触的主要是父母和照看我们的家人，他们不会对我们的沟通能力有太高的要求。但自进入幼儿园开始，我们就开始逐步融入家之外的群体，而与这些群体相处就需要更强的沟通能力。上学过程中，每过一年，我们的沟通能力就需要提升一些，以应对更复杂的情境、理解更深奥的知识。

离开学校后，我们会进入职场，这个转变也会对我们的沟通能力提出更高的要求。如果我们想在职场上获得升迁，很显然就需要继续提升沟通能力。

让我们回到生活中来。多数人在成年后开始有感情生活，与伴侣及其家人的相处也会对沟通能力提出新的要求。如果成家并生儿育女，家庭的责任事实上也要求我们有更强的沟通能力。很多人为人父母后，在亲子关系方面面临很多挑战，这些挑战几乎都与沟通相关。我们在很多方面都会通过学习去更好地胜任相关角色，但就当父母而言，却很少有人把它当作需要学习才能做好的角色。很多人生理上为人父母，能力上其实与合格的父母相差甚远，这种差距很大程度上是沟通能力不足造成的。

我们会继续老去。事实上，老年人的沟通能力也是需要与其年龄和身份相匹配的。有时候我们会看到一些"为老不尊"的现象，比如在公交车上要求年轻人让座，一言不合就破口大骂甚至大打出手……这些都反映出那些老年人在沟通能力上的欠缺。

所有这一切都说明，沟通是一生的修炼。

# 第23章　什么是有效沟通

衡量有效沟通的第一个黄金标准，就是相互理解，而不是一方理解另一方。

为什么相互理解是第一个黄金标准？原因是沟通双方在思想或情感上存在不同。世界上没有两个完全一样的人。如果有，那这两个完全一样的人是不需要沟通的。沟通是为了了解彼此的差异，或者通过协调达成合作，或者调整各自的行为。

## 23.1　相互理解

先要做一个说明：理解不等于赞同。

记得有一次我们在训练相互理解这一技能时，有一位学员说："如果我过于注重理解对方，岂不是会很容易把我自己的立场丢掉？"在回答他的这个问题时，我当时只说了一句话，他就"理解"了：理解不等于赞同。就像换位思考不等于换位一样。

举个例子。在职场上，如果一个员工去找上级汇报工作，希望自己负责的项目获得一些额外的资源支持，比如增加预算等。但经理在询问了相关细节之后，明确告诉该员工没有任何额外的资源可以提供，并且给出了明确的理由。如果在这个情境中，经理准确地理解了员工的想法，而员工也清楚了上级的决定及理由，那么尽管他们没有达成一致，但双方在沟通中达成了相互理解。

这也有些像一对恋人分手时的沟通。一方对另一方说"我决定终止我们的恋爱关系"，而且把这个决定讲得非常清楚，不会让对方有任何误会。另一方呢，即使说自己不理解对方的决定，并一再表示希望继续双方的恋爱关系，但也表示尊重对方的决定。那么这样一次不愉快的、行动上未达成一致的沟通，在相互理解的这个维度上，常常也是达到了效果的。

当然了，一个人把理解等同于放弃立场的担心，也是有原因的。因为在人际互动中，也的确有大量的人持有这样的想法："既然你理解我了，为什么不听我的？！"可能正是为了防止对方有这样的"误解"，很多人才宁愿选择不去理解对方，以免对方把理解当赞同，然后让沟通变得更加困难。

有意思的是，尽管很多人出于对丢失立场的担心，不愿意去理解对方，但他们却希望对方能够理解自己。他们没有注意到，这样的想法实质上意味着不平等和对对方的不公平。假如对方也持同样的想法，那就只会出现谁也不理解谁的结果。那样的沟通显然是没有意义的，也是无效的。

相互理解听起来是一个很容易达成的结果，但事实上它非常难以实现，尤其是在沟通双方存在冲突的情况下。任何一方既可能担心理解对方会让自己的立场丢失或变弱，同时也担心对方简单地把自己的理解当作对自己的赞同，从而强化其立场，让冲突变得更加难以解决。

由此可见，对有效沟通标准的理解，对于达成沟通的有效性有多么重要。

## 23.2 深入学习

在相互理解的基础上，有效沟通还必须能够推动双方"学习"。这种"学习"要么是对所沟通的话题理解的深入，要么是对彼此了解的加深。如果没有这种结果，我们就会觉得这种沟通是在浪费时间。比如在工作中，生产部门与质量部门进行了一次沟通。生产部门说："我们的首要目标是提升效率以提高产能。"而质量部门则明确表示："我们的首要目标是控制品质，减少不合格产品出现的概率。"沟通之后，双方都表示能够理解对方的想法。也就是说，这个沟通达到了相互理解的目标。但这就是有效的沟通吗？显然不是，因为这样的沟通结果如果提交到双方共同的上级是不可能被接受的。

相信这两个部门的共同上级在听到双方汇报说"我们沟通过了，而且达成了相互理解"之后，一定会问："那接下来你们会怎么解决效率与质量的这个矛盾？"这个问题本质上就是在问沟通的双方："通过沟通，你们对效率与质量这个矛盾有什么新的更深的认识？你们能够基于这种认识找到什么样的解决方案？"

有效沟通中的"学习"不只是关于沟通话题的，也可以是关于沟通双方的。"这下我可认清这个人了"讲的就是沟通中对对方认知的深化。这种效果正是有效沟通中的"学习"的体现。

关于沟通中"学习"的深度，则有赖于我们的思辩力——这是我将在另一本书中专门讨论的重要软实力之一。

## 23.3 有效行动

除了"相互理解"和"深入学习"，衡量有效沟通的还有第三个重要指标，就是有效行动。在管理实践中，我们常常看到很多人天天在与人沟通，但却没有切实的行动。他们会记录每一次沟通的过程，但并不在意这些沟通在行动上达成的结果。

这就是人们用"会议其实没有产出，唯一的产出就是约了下一次会议"来形容的工作情境。

写到这里，我不由得想起那个自己经历的印象深刻的管理情境。当时我正在为一个客户做一个领导力发展项目，项目设计中包含了一个学员面谈的环节。为了提升效率，客户的培训主管制订了详细的计划，为每个学员都设定了合适的时段，并事先得到了每位学员的确认。

在对三位学员的访谈完成后，从第四位学员开始出现了迟到的现象。对于一开始出现的这种情况，我运用了谈话的灵活性，努力保证即使是迟到的学员也能够在设定的时间点结束谈话，以保证下一位学员的访谈时间。但很快就开始出现迟到超过设定访谈时间一半的现象，而将时间压缩到一半以下对我来说是不可能的事。但好在后面的人也迟到了，有几位学员的访谈就在这种"接力迟到"中勉强完成了。接下来出现的现象就更严重了，按计划应该出现的学员似乎不会来了。

就在开始出现有学员在设定时间段内都不出现的情形时，培训主管的上级正好过来了解情况，看看访谈进行得如何，并打算与我沟通一下已经了解到的情况。

当看到有学员不按计划，甚至在整个计划好的时间段都不出现时，她的脸上有些不快的表情。于是她问培训主管为什么会出现这种情况。

"这些计划都是经过每个学员确认的，"培训主管解释道："而且昨天我还给他们发了日历邀请，每个学员也都接收了。不仅如此，我昨天还专门给他们发了手机短信进行确认。您看，这些都有记录……"

培训经理当时的回应很好地诠释了为什么有效行动是衡量有效沟通的重要标准之一。

在听完培训主管的解释后，她非常认真和严肃地表达了自己的观点。她说："我一点都不怀疑你做到了跟我讲的每一点，这很好。但我没有兴趣去看你做的这些工作所留下的记录，因为我不关心那些做事留下的证据，我只想看到你与学员们沟通后达成的结果：要么他们按计划过来参加访谈，要么我们对他们不来的原因十分清楚，并且已经没有其他办法请他们按计划过来。沟通不是为了留下证据，而是为了达成想要的结果。"

相互理解、深入学习和有效行动，正是衡量有效沟通的最重要的标准。当然，在达到这三个标准的同时，沟通双方还能够收获愉悦的感受自然是好上加好的了。

理解并以这三个指标去衡量有效沟通，沟通才与协调相伴相生，沟通协调力才变得完整。与此同时，这三个标准还能够在很大程度上让我们有勇气去面对困难的沟通。比如在工作中，当我们面临冲突时，我们常常会不愿意去沟通。然而，有效沟通常常是化解冲突最有效的手段。设想当我们在处理冲突时，只要想着是去达成相互理解，去深化对冲突的看法，丰富看待冲突的视角（深入学习），而且是为下一步的行动提供指南（有效行动），那么我们处理冲突的信心就会强很多，处理方法也会丰富很多。

假设我与一个同事就项目由谁主管产生了冲突，我去找对方沟通时，只要想着是去达成相互理解的，我就更愿意倾听对方、了解对方看待问题的视角。在表达自己的想法时，我也不会有强加于人的意图，而是努力请对方了解自己的想法。而抱有"让我们一起深入探讨一下如何处理这个问题，努力想到解决方案"的学习心态，则会让我们有更大可能去邀请对方，为解决冲突找到出路。显然，这样的沟通一定会为我们采取有效的行动打下基础。

# 第 24 章 沟通中的 "弦外之音"

## 24.1 明说与暗示

在沟通中达成相互理解的最大挑战之一，就是领会不到沟通中的 "弦外之音"。

人们在沟通时，常常会传递出超出字面意思的东西，那些东西就是我们常说的 "弦外之音"。俗话说，听话要听音，这个 "音" 可不只是声音本身，而是在沟通中传递出的那些超出字面意思的东西。

与此有关的例子俯拾即是。有一回，我突然收到一个微信好友的消息。这位朋友在那条文字消息中以省却我的姓氏的方式称呼我，并且问我最近挣了多少钱。这条消息从字面上看就是跟我打了个招呼，然后希望我回答一个对方关心的问题。但我的解读却比这些丰富很多。首先，我觉得对方使用的称呼有些太亲密了，在我的生活中，只有特别亲近的长辈才会那样叫我，而这位给我发消息的朋友因为久未联系我其实都想不起对方是谁来，甚至连对方是男是女都不清楚。另外，对方这么直接地问我挣了多少钱，而我又正好是一个从不与别人分享挣了多少钱，甚至连父母都不会告诉的人。这样，对方的这个问题在我看来就显得有些过头了。

那条消息在我身上所产生的这些效应，估计是对方没有想过的。否则对方不会在接下来的互动中依然无法听出我要传递的 "弦外之音"。我当时看到那条消息后，就回了两个字加上一个问号："您是？" 我想借这个回复不仅传递出字面意思——想知道对方是谁，还想以用尊称 "您" 的方式，让对方感受到距离感。

但对方不仅没有回应我的字面意思，更没有感受到我要传递出的距离感。在收到我的简单回复后，对方继续问："你现在一定发财了，分享一下经验呗。"

当然，那次在微信上以文字消息进行的沟通，最终是以不愉快的方式结束的。有意思的是，结束这样的沟通的有效方式是把一些"弦外之音"明确化和字面化。比如，到了最后，我只能明确地告诉对方，一是我真的不知道您是哪位，二是我不喜欢与人分享关于挣了多少钱之类的私人话题等。

为什么我们需要"弦外之音"呢？通常有可能是因为我们担心明说会伤害对方，给相互之间的关系造成不利影响。比如在上面的沟通中，我不在第一次回复中直接说："我记不得您是谁了，而且我不喜欢您这样称呼我。还有，我也不喜欢您问我关于挣钱的事。"如果我这样回复就有可能直接把对方得罪了，而对方如果真的是我的一位长辈，想以这样的口吻来关心爱护我，那就尴尬了。

除了上述原因，还有一些情形，如人们更倾向于用"弦外之音"进行"暗示"，而不想"明说"：就是考验一下对方领会自己意思的能力。这种情形在恋爱中十分常见。比如女生对男生说"我的一个同学说最近一部电影很有意思……"，借此来看男生是否能够领会到自己想和他一起去看电影的意思。这种时候，如果男生像我这种直男一样，回应说"对，那部电影主要是讲……的。说实在的，内容算不上精彩"就完蛋了。

但什么时候我们在沟通中又必须"挑明"呢？显然，应该是在觉察到对方对于"弦外之音"存在误解，自己又想澄清这个误解时。在我们的日常生活中，最简单直接的例子就是恋爱了。一个人追求一个喜欢的对象，因为担心直接表白（挑明）会太唐突，把控不好还会遭到拒绝，或者担心遭到拒绝，于是就在与对方沟通中借助"话外有话"，给出大量的"弦外之音"。但是如果这种情况持续了一段时间，而对方对自己借各种字面意思或设计的各种情境所传递出去的"弦外之音"都没有领会到，或者假装没有领会到，自己又不想放弃，追求者就得想办法"明说"，直接向对方表白了。

对于沟通中暗示和明说的运用，常常会影响到恋爱中追求者达成目标的效率和效果。

## 24.2 沟通的四个频道

沟通中"弦外之音"的含义主要表现在三个方面，即关系、诉求和情绪。这三个方面再加上内容，即字面含义，就构成了沟通的四个"频道"。

第一个频道就是内容，即字面含义，这个显而易见，在此不再赘述。第二个频道是关系，指的是沟通时所传递的关于双方关系的亲、疏、远、近、高、低等信息。一个人在沟通中的用词，比如在北京用"您"还是"你"，常常意味着不同的关系距离。距离较远时，或者对方地位比自己高时，常常需要用"您"这个尊称，而要想传递距离较近、平等甚至比对方高一些的关系信息时，使用"你"则更合适些。但有意思的是，这一点在南方地区则表现得很不明显，南方人在沟通中多只用"你"这个字。此外，沟通时的各种肢体语言和身体距离，也会传递大量的关于关系的信息。比如在正式的场合，座位的排序反映的常常就是关系问题。在工作中，如果领导在开会时，邀请我们坐到离他较近甚至是身边的位置，常常传递出较近的关系信息。对这些关系信息能否领悟和应对得当，会在相当大的程度上影响沟通的效果。

比如在《红楼梦》里，几乎所有重要的聚会情景，作者都会描写并提供大量的关于关系的信息。什么人坐在离贾母近一些的位置，什么人即使被邀请坐得离贾母近一些也不能接受，这都体现出了一个人的沟通技能。其中最值得学习的就是王熙凤了，她可以说是《红楼梦》里最擅长沟通的人。

在沟通中对关系有准确的认知，并能够以合适的方式传递给对方，沟通就有了基础。关系本质上就是沟通双方的定位，在所有的人际互动中，"把位置摆正"对把握关系至关重要。古往今来，无论是改朝换代还是公司创业，顶层的"创业团队"之所以在成功之后的发展过程中分裂，很多时候都是因为团队成员的关系没有根据新的局势做出调整造成的。我曾经见过多位在公司成立时为公司"操尽了心"的、事无巨细都包办的朋友，在公司变大、管理团队不断引入水平更高的新人才后，出现了心理上的失衡。自己即使因为能力不足没有进入公司的管理团队，也坚持把自己当"创始人"看，坚持把自己当作管理团队中的核心成员，甚至还认为公司就是自己做出来的，自己理应成为它的主人。这种对于关系的认知会深刻地影响他们与管理团队其他成员的沟通方式。

这是很多创业公司在成长到一定程度后都会对最初的管理人员进行"清理"和"调整"的原因之一。这种情形的出现其实不是公司"忘恩负义"，而是由最初的管理人员对于自己与公司的关系、自己与新来的管理人员关系的认知没有做出符合情境的调整导致的。

沟通中的"弦外之音"除了关系还有诉求和情绪——这是沟通的第三和第四个频道。同样一句话，可以表达出完全与字面意思不一样的诉求。比如，我当年在国企的时候非常不理解公司里的"诉苦"文化——在开会时，每个人不讲自己取得了多少成绩，而是不断强调自己受了多少苦。后来我才知道，这些人"诉苦"不只是为了寻求同情，而是在无法比"功劳"的时候，通过比"苦劳"来突出自己，从而得到领导的肯定。由于领导也是擅长用这个方式表达自己想获得肯定的诉求的，于是就容易听出员工的这种诉求来并回应它。

因此，有时当我们听一个人讲自己十分辛苦时，很多时候是不宜去询问是什么把他弄得那么辛苦的，因为对方的诉求可能是想听到一些赞扬的话语，比如"牛人才忙碌""责任大才辛苦"之类的话。当一个无良医生在说自己安排病人"有些困难"时，他或许是想获得一些利益。当物业公司的维修部门员工借口人员紧张而不愿意及时派人修理设备时，他可能就想听业主说些好听的话语，让他有一种被人"求"的感觉。当我们的领导在听取汇报时说"只有五分钟"时，他的诉求其实是想让你拣最重要的说，而当他问"今晚有安排吗？"则有可能想让你加班或陪他吃饭……所有这一切都体现出沟通中字面意思之外的诉求的重要性。

关于情绪在沟通中的微妙作用就更无须多说了。比如，情绪常常让人"口是心非"。当我们在生闷气时，如果有人问我们："不高兴了？"我们会说"没有啊"，而且常常会伴以耸耸肩或假装出的笑容来掩饰自己的负面情绪。在很多情境中，我们掩饰情绪的能力常常会随着阅历的丰富而得到提升。比如，很多身处要职的人需要学会"不苟言笑"或"不动声色"。他们有一种非常强大的本领，就是让别人看不出来自己的情绪——显然，这是需要阅历和训练的。但有时候，我们也会在沟通中运用情绪来达成目标，比如借愤怒地表达让对方知道自己的立场。

在我们这个高语境的文化环境中，沟通中的"弦外之音"是特别丰富的。这是人们喜欢就同一篇文章、同一个文件，甚至同一个用词进行各种不同解读的原因所在。在沟通中，我们意识到"内容、关系、诉求和情绪"四个频道的存在，保持对除内容之外的"弦外之音"的敏感，有效地捕捉它们，然后根据自己的沟通目标进行回应，是提升沟通有效性的重要技巧。当然，生活中也有很多人过于关注"弦外之音"，以至于在与人沟通时，对方的一句简单话语就能够让他们过度联想。这些人的"内心戏"有些过于丰富，"你想多了"是人们常常用来劝他们的话语。因此，当我们在沟通中收到"你想多了"的反馈时，进行必要的反思对我们提升处理沟通中"弦外之音"的能力是很有帮助的。

# 第 25 章　人际学习能力

## 25.1　持续成长的保证

很多年前，我就读到了"Learning is a social process（学习是一个社交过程）"这句话。它的含义很深，可以为之单独写很多的文字。但把它放在这里，我看重的是它强调了沟通对学习的价值。我把通过沟通学习的能力称作人际学习能力。

出色的人际学习能力是我们持续成长的保证。

我们不一定每天都读书，或者专门去学习某种知识，但我们几乎每天都要与人打交道。从这个意义上讲，如果我们能够通过有效沟通把人际互动转化为学习，那么所获得的成长营养一定会更加丰富。

在很多时候，我们接触的人的兴趣爱好会各不相同，他们关心的领域也不一样，通过有效沟通将与他们的互动转化成学习，就相当于让自己置身于百科全书之中。这样可以有效地弥补我们在知识学习上的"偏好"。比如我是学理工的，在知识学习上对人文社科可能就不大愿意投入精力。如果能够遇到在人文社科领域有专业见解的人，而我又擅长运用人际学习，就可以通过与他们的互动，增长我在人文社科方面的见识。

在某种意义上，以有效沟通为基础的人际学习可能会促进甚至优于知识学习。其中的原因是，我们遇到的人大多已经完成某个方面的知识学习，如果我们善于识别，那么从他们身上学习到的可能是已经经过他们提炼的知识精华了。这种"站在他人肩膀上"的学习会大大提升我们成长的效率。这估计是有些获得诺贝尔奖的科学家曾经表示的，自己的灵感来自与同事的"咖啡时光"的原因。

事实上，那些身居高位者之所以能够拥有对业务和形势的深刻洞察，其中一个很重要的原因就是他们善于在大量的沟通中，不断从他人处汲取营养。当然，他们中的很多人也有出色的知识学习能力，其中的一种表现就是保持大量阅读的习惯。

因为工作的原因，我曾经接触并有幸为很多高管提供学习服务。我发现那些真正有领导力的、能够带领团队不断成长并取得非凡成果的领导者，几乎都是通过沟通进行人际学习的高手。他们的工作都十分繁忙，但只要与人沟通就十分投入，并能够真正做到对他人的思想感兴趣，因而乐于了解和倾听。有效的沟通是他们获得成长营养的极为重要的方式。

## 25.2 把"点赞"当客套，将"差评"当资源

要把沟通转化为有效的人际学习，最重要的能力之一，就是善于处理在沟通中收到的"点赞"（正面反馈）和"差评"（负面反馈）。

我们在与人互动时总会以各种形式收到对于我们言行的评价，这些评价就是我们在人际互动中收到的反馈。这些反馈有正面的"点赞"，也有负面的"差评"。对它们的处理方式不同，我们的收获会非常不一样。要想成为人际学习的高手，在衡量沟通有效性的"相互理解、深入学习、有效行动"这三个指标中的"深入学习"指标上表现出色，就必须处理好沟通中收到的反馈。

对沟通中反馈的正确处理，能够把沟通转化为一种学习活动，进而把与我们沟通的每个人当作学习和成长的资源。

只是要做到这一点，我们首先需要认识到，人类的本能是不擅长处理反馈的，尤其是负面反馈，因为我们天然地喜欢听人赞扬，厌恶别人给予的负面评价。

我们的这个天性，常常会让反馈的价值变味、无用，甚至有害。

比如，由于每个人都知道人性中的这个好听赞扬的本性，所以别人与我们沟通时，常常就会只给我们那些好听的反馈，而不愿冒着让我们生气进而会损害彼此关系的风险把负面的反馈告诉我们。不仅如此，在我们处于优势地位，比如对方是我们的供应商或者是我们的下属时，我们收到的反馈还有可能被严重扭曲——对方不仅会把负面的反馈藏起来，还会把负面的反馈"转化"成正面的，而且能够表达得十分真诚。比如，对方明明觉得我的要求过于苛刻、不近人情，但在被问及对我的印象时，对方却会说："您是对工作有着高标准的，对我们严格是爱护我们。"

这是为什么在社交媒体上发布同一条消息，一个人为"甲方（客户）"时所收到的"点赞"会明显地多于他为"乙方（供应商）"时所收到的"点赞"。

所有这些都说明我们所处的学习环境是扭曲的（wicked），而扭曲的学习环境，是不可能让我们获得成长的营养的。关于这一点，我已经在前言中说明过。

让事情变得更糟的是，在处理"点赞"时我们的本能还会为我们设置陷阱，因为它会让我们更倾向于相信所有好听的话语都是真的，进而强化我们那些被"表扬"的行为。很显然，我们自身的这种倾向会让学习环境变得更加扭曲。这样一来，很多正面的反馈有时不仅无助于我们的成长，甚至会陷我们于被骗当中。

职场中因为无法正确处理"点赞"而生活在假象里的人数不胜数。比如一个人在掌握资源的职位上任职，很多供应商为了获得资源就会奉承他，让他觉得自己所做的一切都是对的，成绩也完全是靠自己的能力取得的。这种假象会让他高估自己，觉得公司离开自己就无法运转。这种假象很多时候只有在他因各种原因离开所在职位后，才会被看破。

有意思的是，有的人即使因故离开掌握资源的岗位，仍会对当时收到的"点赞"和自己的"强大"深信不疑，只要遭受冷遇就会陷入对命运不公的抱怨之中。

骗子们也常常利用人的这种对正面反馈"照单全收"的偏好来达成自己

的目标，比如那些用甜言蜜语骗取信任和爱情的感情骗子。在这类骗局中，骗子总是肯定受骗人的言行，并对其进行倾向性的放大，将其向自己期望的方向引导，逐渐把受骗人置于一个美好的幻象中，最终达成自己的目标。

因此，在沟通中处理收到的反馈时，我们需要认识到，尽管那些顺应本能的"点赞"会让我们高兴，并因此能够给我们带来一些能量，但却不一定有成长的营养。我们需要对人际沟通营造的学习环境保持警惕。因为在很多情境中，人际环境都不是友好（kind）的学习情境，而是扭曲的，尤其是正面的"点赞"常常缺乏真实性：很多时候我们其实做得并不好，但人们为了不伤害我们的情感，也常常会说我们"做得不错"，实在是不愿意"违心"点赞的，也常常会选择不作置评。

这是为什么一些位高权重者因为过于相信好话、喜欢听好话后，就不能再收到关于自己言行的真实的反馈了。他们只能活在身边人的假话中，不再能认清他人眼中真实的自己，也就不再有改进自己不足的机会。

当然，也有些"点赞"是真实的，并因此可能对成长有些帮助。

因此，除非我们自信心不足，对于沟通中的"点赞"，不妨多一些怀疑、少一些相信。在心态上，就把点赞当客气吧。

然而，对于"差评"，也就是负面反馈，我们却需要拥有截然不同的心态，应全力将其转化为自己成长的营养。

原因是，在多数情境下，除非恶意谩骂，"差评"（负面反馈）的真实性要远比"点赞"（正面反馈）的真实性高。即使是恶意谩骂，除非是在网络上遇到了"水军"，生活和工作中与我们沟通的那些具象的个人表达的是他们对我们言行的看法。这些"差评"相比"点赞"来说，反映出对方真实看法的概率要高很多，因为人们没有必要冒着我们会以同样的方式回敬甚至导致冲突的风险，随意对我们的言行发表负面看法。

这估计也是华为创始人任正非不重视表扬，但特别在意各种批评的缘由之一。

要想提升人际学习能力，我们就需要在沟通中更加重视收到的"差评"，并努力将其转化为成长的营养。在操作上，我们在收到负面反馈时，可以结合自己的具体言行进行反思。如果发现我们的某些言行收到多次多人的类似反馈，就应该特别加以注意，因为那些言行很可能就有进行改进的必要。这背后的逻辑其实很简单，也是我们评价人的"软性"能力或品格所遵循的基本原则：**多人的主观形成一定程度的客观，长期的主观形成一定程度的客观。**

比如，当一个人身边的多数人都认为他是个好人时，这个人就很可能是个真正的好人，因为"多人的主观形成一定程度的客观"。同时，如果一个人身边的人认识他的时间较长，觉得他一直都很温和，那么这个人拥有温和个性的可能性也会较高，因为"长期的主观形成一定程度的客观"。

把"点赞"当客套，将"差评"当营养，沟通就转化成了人际学习。事实上，很多成功的人士、伟大的领导者，都是善于把别人对自己的"差评"转化为成长营养的高手。比如，华为的创始人任正非不仅从不反驳外界的批评，还在华为内部倡导"自我批判"——也就是给自己"差评"，并认为"自我批判"是推动成长的重要方法之一。

## 25.3　背后的原理：约哈里窗及其正确应用

很多人在学习沟通相关的课程时，都接触过一个关于反馈的名叫"约哈里窗（Johari Window）"的理论，它是由美国心理学家约瑟夫·勒夫特（Joseph Luft）和哈里·英格拉姆（Harry Ingram）提出的关于人类自我认识的窗口理论。

约哈里窗的基本概念其实很简单。它指出，在我们每个人与他人的互动关系中都存在四个不同的"窗口"：我和对方都知道的，是我与对方的"公共区"；我知道但对方不知道的，是我的"隐私区"；对方知道但我却不知道的，是我的"盲区"；我与对方都不知道的关于我的那个区域，是我的"未知区"。

这四个在与人沟通中的关于"我"的区域可以用图 25-1 表示。

很多人应用这个理论时，常常就停留在懂得这个理论这个认知水平上，比如知道自己在与人互动时，存在着关于自己的公共区、隐私区、盲区和未

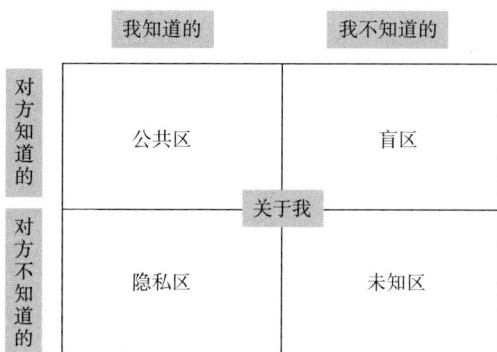

图 25-1 约哈里窗

知区，甚至也明白为了与对方更好地沟通应该扩大自己的公共区等。

停留在这个认知水平上是无法将沟通转化为学习的。事实上，约哈里窗是用来说明我们在沟通中应该如何处理反馈的。我们与对方沟通时，双方只有通过各自的约哈里窗以联动和相互影响的方式来观察和思考，才能够从中得出指导我们学习行动的指南。

比如，当我与一个叫杰克的人互动时，我们各自的约哈里窗可以用图25-2 表示。

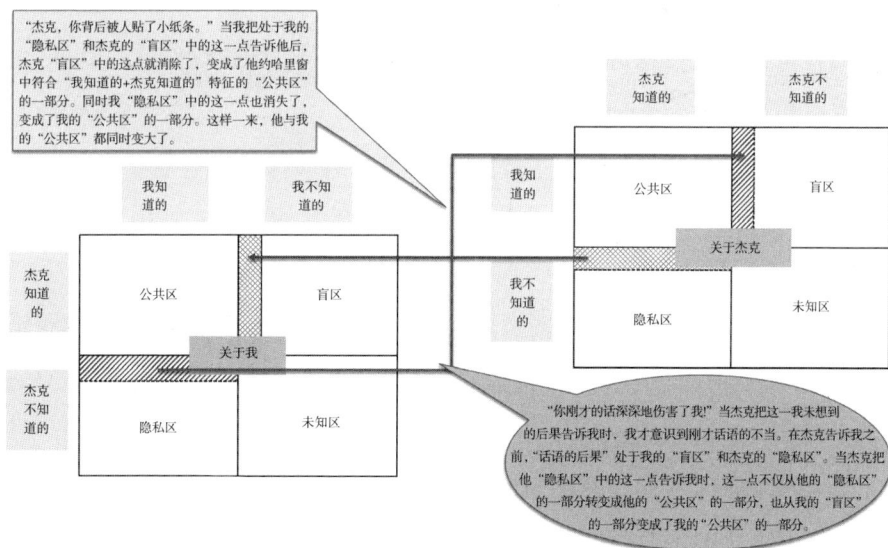

图 25-2 互动中的约哈里窗

从图 25-2 中可以清楚地看到，当我与杰克沟通时，如果想让我们各自的盲区发生变化，就需要交换彼此隐私区的内容，这个内容就是在沟通中的反馈：如果我想减少自己的盲区，就需要杰克把我与他之间的那些"他知道但我不知道"的东西告诉我，而那些东西，就我与他的关系而言，正好处于他的隐私区。试想一下，如果我在收到来自杰克的反馈时，在心态上能够认为那是他与我分享自己的隐私，我对他的态度就会有所不同。要知道，分享隐私可不是一种义务，在绝大多数情境下，它意味着信任。

这其实就是我们处理反馈，尤其是处理负面反馈的基本原理：沟通中的任何一种反馈，无论是"点赞"还是"差评"，都是提供方分享自己的隐私的结果。

高阶的人际学习者常常深谙此理，并用以下方式处理沟通中的反馈：一方面让自己在"点赞"前保持清醒，另一方面将"差评"转化为成长的营养。

首先，他们会像接收礼物一样，先将礼物"拆开"——去了解自己的哪些言行是对方给出反馈的源头。这就像我们在生活中收到礼物时，把它打开看看到底是什么一样。

接下来，如果发现礼物是对自己的"点赞"，他们会记得那些引发"点赞"的言行，之后再找机会在其他情境中验证它们。如果这些言行被证明是值得保留和发扬的，他们将会强化它们。

如果发现礼物是对自己的"差评"，也就是负面反馈，除非关乎个人荣誉或重大利益，他们不会为引发"差评"的行为做任何辩解。强调一下，收到"差评"而不辩解是件很难做到的事。但要想成为人际学习的高手，就需要做到这一点，因为辩解本质上是对负面反馈的不认同，是对反馈提供者的否定。这种否定将打击反馈提供者的积极性，并在未来不再通过分享自己的隐私来帮助反馈接收方缩小盲区。

即使收到的"差评"是恶意的谩骂甚至攻击，人际学习的高手也会坚持做到不辩解——这是很多明星在得到"差评"甚至是受到网络暴力攻击时，依然坚持不反击的原因所在。一些出色的领导者在公共场合受到言语攻击时不会还击，所遵循的也是类似的处理原则。

最后，他们会就引发反馈的言行进行反思，并根据不同情形进行处理：如果引发"差评"的言行是偶发的，他们会原谅自己——人非圣贤，孰能无过？但如果那些言行是习惯性的，他们就会高度重视并马上做出改变。

很多时候，他们还会在收到负面反馈时，对提供方表示感谢，甚至会邀请对方在未来继续提醒自己。

当然，以上所说的并不包括极端的对立情境，比如恶意攻击、对重大利益的伤害等。那些情境已经与学习无关了，约哈里窗也不再适用。因为那些情境已经脱离"沟通"的范畴了。

最后需要提醒一下的是，我们在沟通中处理负面反馈时，会遇到将后果"放大"并将情境归类到极端对立情境的现象。比如，工作中上级对下级的正常批评，会被下级认定为打击报复；学校里老师对学生的批评，会被学生甚至家长认定为全盘否定。这些轻易将情境极端化的现象也是值得我们警惕的。

# 第 26 章　信任的公式

## 26.1　$T=F \times Q$

信任是人际关系中最宝贵的东西，也是无数人希望通过沟通达成的效果。关于信任与沟通的关系，我常常会用一个简单的公式来加以概括：$T$（Trust，信任）$=F$（Frequency，沟通的频率）$\times Q$（Quality，沟通的质量）。

这个公式的原理是不言自明的：如果没有沟通的频率，我们是很难赢得他人的信任的。比如，在网红、明星盛行的互联网时代，网红或明星要想赢得粉丝的信任，就需要保持曝光的频率，而他们每次的曝光，从沟通的角度看，就是在与粉丝或潜在粉丝进行沟通。

当然，只有沟通的频率而没有沟通的质量，显然也是无法让人赢得信任的。关于这一点，想想那些曝光频率不低且一直很受粉丝信任的网红或明星，仅因某次曝光时话说得不够好（也就是沟通质量不高）就"翻车"甚至被粉丝抛弃的现象，就可以了解到每次沟通的质量对信任有多大的影响。

在沟通频率 $F$ 和沟通质量 $Q$ 这两个因素中，沟通频率 $F$ 是基础性的，因为它是一个人获得沟通质量 $Q$ 的前提。其中的道理很简单，就是我们常说的"量变引发质变"：只有沟通频率足够大，才能达成出色的沟通质量，进而形成信任。

我常常用这个描述信任与沟通关系的简单公式来解释各种现象。

先说职场。在我年轻时的一段职业生涯中，我根本看不到沟通的价值，更意识不到 $T=F \times Q$ 这个公式的存在。我觉得，只要把手头的工作做好就行了，我的上级及相关方应该会通过工作成果认可我的价值。如果他们不认可我的价值，那是他们的问题，不是我的问题。因此，我没有主动与他们沟通的必要。

我当时有多个同事，他们在工作中很注意与人沟通。他们给我留下的印象就是"只要领导在办公室，他们就在领导那里"。他们也因此获得了很多我不能得到的机会。我对此十分不解，认为那些同事只会讨好领导，而且会对自己的工作夸大其词，甚至会"吹嘘"自己创造的价值。我的这些想法很自然地让我对领导和公司心生怨气，觉得自己受到了不公正的对待，而且最终还因"我看不惯这种不正常的现象"愤而离职。

后来，我自己当了管理者很快就意识到，自己也喜欢那些经常向自己报告工作并提出问题解决方案的员工。对于那些埋头工作而很少与我沟通，尤其是我去问询也无法很好表达自己想法的员工，对他们的了解相对就会少一些。自然，在机会来临时，我也会更容易地想到那些主动与我沟通的员工。很显然，在提拔人时，对候选人的沟通能力，尤其是主动沟通能力，就更加重视了。

在生活中，将这个公式应用得最好的就是那些努力追求意中人的男生：他们不仅想尽一切办法提升与对方沟通的频率，也会不断调整自己的沟通方式，全力提升每次沟通的质量。

## 26.2 向上管理的秘诀

在职场中，很多人都有"向上管理"的烦恼，都无法拥有充满信任的上下级关系。除非一个人发自内心地看不起自己的上级，一般情况下，都还是希望能够获得上级的信任的。

遗憾的是，很多人一方面想赢得上级的信任，另一方面却不愿意遵循 $T=F \times Q$ 这个简单的信任公式所描述的原则：既不主动增加沟通频率 $F$，也不注意管控每次沟通的质量，尤其是对每次沟通质量的回顾，以及下一次沟通的改进。这些做法是不利于增进上级对自己的信任的。

每次在学员向我咨询"向上管理"的话题，努力寻求其中的秘诀时，我都会向他们展示这个简单实用的信任公式，并邀请他们首先检视自己主动与上级沟通的频率。在多数情况下，那些在"向上管理"中面临挑战的人，最基本的表现就是与上级沟通的频率 $F$ 太低了。我几乎很少碰到沟通频率 $F$ 足够但沟通质量 $Q$ 存在严重问题的学员。这背后的原因很简单：除非员工学习能力太差，其与上级沟通频率 $F$ 增加产生的"量变"，否则在绝大多数情境中，都会带来沟通质量的提升。

我还常常就员工与上级合作的初期给出这样的建议：如果你新加入一个团队，或者你的上级因为任何原因出现变化，都意味着你开始拥有一个"新的"上级。在这种情境中，作为员工的你最重要的就是在与上级合作的前一段时间里（我常常会明确地说是"前三个月"）保持与上级最频繁的沟通。

在这里，我也想借用一个来自学员的例子，来特别说一下如何提升与上级沟通的质量。我有一个高管学员，当时已经是一家跨国公司中国区的副总裁。她在分享自己与上级相处的经验时说："每次我去见上级，从来都不会问上级'这个问题您希望我怎么做'，而是会就相关的业务问题提出两个建议，并说明背后的理由。不仅如此，我还会说明自己偏好两个建议中的某一个，也说明理由。最后总结时我会恭敬地说'请领导定夺'。如果最终我的两个建议都被领导否定了，我就会请领导指导我应该如何思考这个问题。"

我非常喜欢这位高管学员的分享，因为她所做的，就是一个优秀员工在与上级沟通时，为了让上级看到自己的才华和价值，进行的高品质的沟通。

$T=F \times Q$ 这个关于信任的简单公式，就是员工进行高质量的"向上管理"的秘诀。

## 26.3 "升频"与"升维"

我年轻时，只要在与人沟通上遇到挑战，无论对方是上级、同级或其他任何人，接下来我的做法就是回避——要么躲着对方，要么被动应对。

很显然，我的这种本能反应是一种自我保护，它可以让我避免更多沟通带来的不适。当然，它也会导致沟通频率的降低。

沟通频率的下降显然是不利于增进信任，更不利于解决问题的。

要想获得（有时只是保持）信任，那么我们在沟通中遇到挑战时就不能顺应本能降低沟通的频率。恰恰相反，我们应该以最快的速度思考好新的策略，保持甚至提升沟通的频率。

理解这一做法非常容易，只要我们做简单的换位思考即可：设想你是上级，在某次与员工沟通的过程中"为难"了一下员工，比如对其进行了批评，或者就其想法进行了质疑，你会期待员工接下来如何反应？

至少，你不希望员工接下来躲着你，或者被动应对你与他的互动。你最欣赏的极有可能是那些能够很快做出调整并主动与你进行沟通的员工。他们就是在与你的互动上保持或提升沟通频率的人。

生活中也一样。父母在批评孩子时，最希望看到的不是孩子对自己的躲避，而是一如既往地与自己保持沟通。如果孩子在被批评后，与父母的沟通更主动、更频繁，并辅以行动上的纠错，就能够成为天下绝大多数父母眼中"天使般的孩子"。

除了"升频"，有效的沟通还需要我们"升维"。

在这里，我说的"维"，是指沟通的形式。一般地，沟通方式（维度）与沟通效果会呈现出如图 26-1 所示的关系。

| 方式（维度） | 直接互动的感官 |
|---|---|
| 面对面 | 全部 |
| 视频 | 视频和听觉 |
| 通话 | 听觉 |
| 即时消息 | 无 |
| 邮件 | 无 |
| 信件 | 无 |

（沟通效果，箭头向上）

图 26-1　沟通方式（维度）和沟通效果的关系

图 26-1 所提供的信息，已经解释了沟通效果与沟通方式，也就是我称之为"维度"的关系，以及造成沟通效果差异的根本原因：沟通双方直接互动的感官不同。

当我们在与他人以面对面的方式沟通时，双方都是可以运用全部的感官来发送和接收信息的，而且一切都是实时的。显然，在视频方式下双方是无法当场握手、拥抱的，我们能够使用的只有视觉和听觉两种感官，而在通话情况下就只剩下听觉了。

我特地在"面对面、视频、通话"和"即时消息、邮件、信件"之间画了一条横线，是因为在感官的直接互动方面，这两类方式存在本质的区别。即时消息，即使是视频类的消息，还有邮件、信件，它们在本质上都是隔断了沟通双方感官直接互动的"媒介"。不仅如此，很多时候这类沟通方式所反映的都不是实时的：当我收到一条微信消息时，我其实并不知道对方发送消息的状态。如果我在一分钟后回复，我与对方的互动已经是"错时"的了，这些"错时"会对沟通造成很大的影响，因为那一分钟内会发生很多事情：对方可以查看很多条不同的消息，其注意力已经被分散，而我也可能受到其他信息的影响。

不仅如此，在没有感官直接互动的情况下，如果沟通的一方对所接收的信息有了误解，那么发送方修正的机会会大大减少，沟通效率也会大大降低。

在职场上，我们常常会看到很多"邮件大战"：一个人收到一封在内容上引发其反感的邮件后，常常就会回复一些自己的负面解读，接下来这种解读会引发邮件首发者的反感，然后他会回复更有刺激性的内容……如此来回几次，邮件中的火药味就变得越来越浓。接下来就是双方将邮件进行各种抄送，直到"抄送全部"相关人员，闹得不可收拾。

有意思的是，在我们的日常沟通中，即使我们开始选择的是面对面的沟通方式，但如果当时的沟通效果不好，我们的本能反应也常常是快速"降维"——直接将沟通方式改成即时消息或邮件，甚至中断接触。

这种顺应本能的"降维"，常常会让沟通效果变得更差。

同沟通遇到挑战不应顺应本能"降频"一样，我们也不应在沟通方式上"降维"，而应与之相反，我们应该"升维"。

比如，在职场中避免"邮件大战"的最佳方式就是"升维"：在发现对方对自己的邮件存在任何误解时，马上以通话、视频甚至面对面的方式与对方进行沟通。在我的管理实践中，我对团队一直有一个明确的要求，就是一旦在邮件或即时消息中出现误会，应该马上改变沟通方式，采用在感官上能够实时互动，最好是面对面集中注意力的方式进行深入沟通。

当然，无论是"升频"还是"升维"，在沟通遇到挑战时能够做到，都不是一件容易的事。关于如何才能做到这些，我将在另一本书《软实力三原色——掌控人生的三大关键能力》中做更多的讨论。

# 第 27 章　将谈论转化为对话

"将谈论转化为对话"，每次想到沟通的这个方面，我都会不由自主地想到自己当年刚刚成为管理者时，对于人际沟通的一些肤浅的理解。

当时，我曾经一度十分痛恨公司中存在的"背后议论"现象，也同很多管理者一样，希望消除团队中存在的"会上不说会下说，当面不说背后说"现象。对于前者，我当时思考得并不多，但对于后者，可能是由于曾经因为被人背后议论而十分生气的缘故，我自当上管理者的第一天起就特别想消除它。

我希望自己的团队中没有背后议论的现象，大家有话都当面说。

然而我错了。

有一回，我想邀请同事们一起午餐，但大家像约好了一样婉拒了我的邀请，理由各种各样，有人说自己手中的活儿还没干完的，有人说自己已经约了人的，还有人说自己节食今天不打算吃午餐的，等等。我一个人很无趣就下楼了。

下楼后看到各种餐馆，我拿不定主意吃哪家，于是花了一段时间在大楼周边闲逛。突然，在路过一个小餐馆时，我发现好几个刚刚拒绝我的同事正围坐在一起用餐就十分高兴地过去加入了他们。但奇怪的是，本来正热烈聊天的同事们，我加入后，每个人都马上变得十分客气，而且沉默寡言。我心里十分诧异，但又不好意思问大家是因为什么而有那么大的改变。

但我实在无法管理自己的好奇心，于是在下午的某个时间就找了共进午餐的同事中的一位，私下里询问他到底是什么原因在我加入他们的午餐后大家就不再热烈地聊天了。他听到我的问题后有些迟疑，脸上有种不知道该不该说的表情。于是我动用自己与他共事多年的交情，想办法鼓励他告诉我实情，并向他保证不会向其他任何人提起。于是他就告诉我说，在我加入他们的午餐之前，同事们热烈议论的正是我这个他们共同的上级。

"你们都谈论我些什么呢？"我继续好奇地问。他说："老板，很抱歉，这个我就不说了。反正你知道的，背后议论上级、说上级不好的概率会远远高于称赞上级的概率。"我跟他说："我懂了。其实我也会这样，比如上次开会时，我还跟你们说我的老板如何过分地对我和你们提要求呢。"

从那以后，我意识到，背后谈论某个人其实是人性的一部分。消除这种现象是不可能的。

只要我们注意观察就会发现，任何两个人的聊天，几乎总会"谈论"某个不在场的人。被谈论的人可能是他们的朋友、上级、家人，也可能是某位公众人员、政府官员、明星、电影演员或角色。这些谈论越是对人而言利益攸关就越有可能趋向负面。

由于在背后谈论一个人是人性的一部分，于是在沟通中当我们遇到沟通困境时，选择背后谈论而不是直接与那个存在沟通困境的人直接对话就成了理所当然的做法。

比如，当我们在工作中与同事有矛盾时，我们常常会在背后与其他人谈论那位同事；当我们被上级否定或批评时，我们也会在自己觉得合适或需要发泄情绪的时候，与自己信任的人谈论那位上级；若我们在办事时遇到困难，我们也会跟人谈论或抱怨办事中遇到的那些为难自己的人。总之，背后谈论他人是我们生活的一部分。

然而，很多时候我们并没有意识到这种做法通常无助于应对沟通中遇到的困境。在遇到沟通困境时，如果我们选择背后谈论那个给我们"制造"困境的人，而不是直接找他"对话"，我们的沟通困境不仅得不到解决，常常还会变得更加复杂和艰难。

我们可以很简单地就背后"谈论"和当面"对话"做一个比较。当然，在这里我们讨论的情境是遇到了沟通的困境，而不包括那种我们在背后赞扬那些不在场的第三方的情境。道理很简单，我们背后赞扬他人，除了有些时候因为第三方不在场而不能直接领情，对我们并无害处。

一般情况下，由于我们选择背后"谈论"时所谈论的都是"他人"的不是，所以这种谈论就会给我们带来"指出对方不足"甚至"证明自己正确"的机会。如果参与我们谈论的人附和我们的观点，我们就会觉得遇到了知音，觉得自己不仅获得了认可，而且"验证"了那个或那些被我们在背后谈论的第三方的不是。这种满足感对我们的吸引力常常是超出我们想象的，否则我们也不至于在那么多情境中都不去思考这种做法的负作用。

但在背后"谈论"那个或那些给我们制造沟通困境的人，其实是有很明显的副作用的。其中之一就是我们的观点有可能被泄露，这种泄露如果让被我们谈论的人知道，我们与他或他们的沟通困境会变得更加艰难。除了这个风险，背后谈论他人的人也有可能被认为是负能量的传播者，参与谈论的人可能会因此远离我们，甚至会怀疑我们也会在其他人面前以类似的方式谈论参与者的不是。

在多数情况下，沟通导致的问题用直接继续沟通的方式去解决常常是最有效的。

这也是即使是在国际关系中，在遇到困难时双方也会不断强调"对话"的原因所在。

在遭遇沟通困境时，相对于背后谈论而言，直接对话显然对我们的能力要求更高。由于我们与对方的沟通出现了挑战，因此我们看待对方的观点自然就是负面的。抱着负面的看法去沟通，难度可想而知。但只要认识到当面对话的价值，我们就有可能通过管理好自己的情绪让当面对话的沟通变得十分有效。

其实，当面对话的好处也是很容易想清楚的。首先是能够让对方清楚地了解自己对对方的看法，从而有助于消除误会，恢复甚至强化原来的关系；其次是有利于解决问题。当然，要达到这些目的，需要我们拥有良好的沟通技巧。

首先是要抱有解决问题并帮助对方变得更好的意图。如果当面对话只是为了发泄愤怒，显然只会让沟通变得更糟。因此，我们在开展当面对话之前就需要对这一点做到十分清楚。它将是我们沟通中言行的指南。

比如，在工作中，上级误解了我们，以至于在开会时当众对我们进行了不应该的批评。我们在找上级当面对话前就要明确自己的目标是解决问题，即向上级说明自己对工作的看法，努力得到他的理解，同时也希望上级在以后发生类似情况时，能够用更有利于工作的方式表达意见。这样一来，我们的"话术"基本上都具备了。其中的一个示例可以像下面这样。

- 我："领导（用你平时对上级的称呼即可），我想跟您聊聊上午会议上发生的事。"
- 上级："你认识到自己的错误了？你想到如何改正了吗？"
- 我："也许是我在会上讲得不够清楚，导致了一些误解。我能理解您的心情，我也是想把工作做好的。本来当时我还想做些解释的，但在被您批评后，我想还是另找机会单独向您汇报更合适一些。"
- 上级："那是我误会你了？"
- 我："如果您愿意，请让我再把会议上所讲的内容向您解释一遍。如果这次您还觉得我做得不对，那真是我错了，我一定努力改正。"
- 上级："那你说吧……"

当然，上面的示例所展示的并非所谓的标准"话术"，它所体现的只是要聚焦于解决问题。由于面对的是上级，"帮助对方变得更好"这一点，在我们的文化语境中一般是不能明示的，只能间接地让上级去"领会"。

在这个对话中，还有一个特别要注意的地方，就是避免把背后"谈论"时对对方的负面评价带进来，比如像下面这样。

- 我："领导（用你平时对上级的称呼即可），我想跟您聊聊上午会议上发生的事。"
- 上级："你认识到自己的错误了？你想到如何改正了吗？"
- 我："我觉得自己没有错，是您没听明白就下结论，而且不分场合就对我进行当众批评。我觉得您这样做是不对的。"

- 上级："那是我误会你了？"
- 我："当然是的。其他人都觉得我说的是对的。"
- 上级："……"

这样的对话，事实上是将背后"议论"搬到了对方面前。因为我们在背后"议论"一个人时常常会对那个人进行负面评价，甚至辱骂，同时也会不断地证明我们的正确。

有效的当面"对话"，需要特别注意避免以上常见错误：一是评价对方，让对方认错；二是证明自己，强调自己如何正确。显然，这与前面所讲的对话目标是相悖的。

在当面"对话"时，除了解决问题，也可以以描述的方式客观地回顾之前的沟通冲突，并适当地表达自己的看法，甚至是感受。比如，我们可以说："您当众批评我时，我的心情是很难受的，觉得自己不仅没得到认可，还被您误解了。"在这里需要注意的是，要敢于用"我"来表达，不要用"大家都觉得我会很难受"或"大家都看得出来我很难受"，这种把"我"藏在"大家"或"我们"之后的做法是有很强的副作用的。因为对方在听到后很可能会这样想："明明是你个人的感受，为什么要说成大家的看法？如果大家都有那样的看法，我就想知道那些人都是谁了。"此外，在这种情境中把"我"藏在"大家"或"我们"之后，还会让对方感觉我们多少有些向其施压的倾向，而这种倾向常常会激发对方内心的抗拒。

基于人性的特征，在生活和工作中我们不可能消除背后"议论"，但如果我们需要解决问题、避免误会，成为一个传递正能量的人，那么我们顺应本能去和背后"议论"的人进行当面"对话"就是非常有必要的。敢于并善于在遇到沟通困境时去与对方进行当面"对话"是有效沟通的重要方式之一。

# 第 28 章　沟通是一种元能力

沟通其实是一种元能力，也就是说，它是许多其他能力的基础。就像搭建一座房子，所有的墙壁和屋顶都需要有坚实的地基才能稳固。同样地，许多我们需要的能力，比如领导力、影响力、自驱力，甚至是我们对时间的管理能力，都离不开沟通。举个例子，要了解自己的性格，首先我们得和自己进行沟通，深入了解自己。再比如，我们想要影响别人，那么我们进行时间管理时就不单单是安排事情，而是要通过沟通来协调和达成共识。我们站在台上当众表达自己的想法那也是一种通过沟通来传递思想的方式。

所以，沟通不仅仅是我们表达想法的工具，更是我们生存和成长的基石。我们生活中的很多成功、职业中的很多成就都是通过沟通来实现的。可以说，沟通是我们与外界连接的桥梁，而这座桥梁的质量直接决定了我们能走多远。

沟通并不是一蹴而就的，它需要我们一生的修炼。每个人都会遇到不同的情境、不同的沟通对象，而且我们自己也在不断变化。这就意味着，沟通的方式和方法是多变的。比如，当我们和朋友聊天时，沟通可能更加轻松随意；而在工作中，在面对上司或客户时，我们的沟通就需要更加正式和精准。面对不同的情境，我们需要调整自己的沟通策略。

正如在前面提到的那样，我很难理解一些培训管理人员将公司的学习主题分成"沟通类"及其他类别。每次看到这样的分类，我内心都会忍不住想问对方：有哪一种软实力，不管是"领导力""影响力"还是"变革管理""战略思考"，不是建立在沟通基础之上的？比如，一个优秀的领导者必须能够有效地与团队成员沟通，才能激发他们的潜力；而一个有影响力的人也需要通过沟通来打动和说服他人。所以，沟通是这些软实力的根基，没有它其他能力就无从谈起。

如果我们把沟通当作一项元能力，并且终生修炼它，我们就能够在这条连接自己和他人的路上顺利地提升自己的其他能力。就像是修建一座桥梁，只有这座桥梁稳固了，其他相关的交通设施的建设和使用才能顺利。无论是领导力还是影响力，它们都将在这座桥梁上畅通无阻，帮助我们走得更远、走得更稳。

# 第 29 章　性格成长力与沟通协调力

沟通并非单纯的信息交换，它是一种连接思想、情感与行动的桥梁。而在这座桥梁上 MBTI 性格类型扮演了关键角色。它不仅帮助我们识别自己和他人的性格差异，更能够让我们明白如何根据这些差异调整沟通方式，从而实现更有效的沟通。在职场中，这种沟通能力直接关系到我们能否与他人建立良好的合作关系、解决复杂的问题并在团队中产生积极的影响。

## 29.1　相互理解、深入学习与有效行动

在职场沟通中，"相互理解"不仅是指对信息内容的理解，更是指对彼此沟通方式和思维方式的理解。MBTI 不同维度之间的差异都可能成为沟通冲突的根源。

比如，在能量 E–I 维度上：E 倾向的人喜欢快速行动、快速反应，而 I 倾向的人则习惯于静下心来思考，深入分析问题。因此，E 倾向的人在沟通中可能显得急切、言辞直接，喜欢快速推进讨论和决策，而 I 倾向的人则可能因需要时间来思考和整理思路，进而在言行上就可能表现得相对缓慢。这种节奏上的差异容易引发误解，对相互理解形成挑战。

"深入学习"不仅仅针对信息的吸收，还涉及如何在互动中不断丰富自己的理解，并通过反思加强对信息的掌握。在这一过程中，MBTI 的每个维度也会对学习产生影响。

拿信息 S–N 维度举例。S 倾向的人在沟通中注重细节和实例，而 N 倾向的人则偏重整体。这种倾向会影响人们的学习偏好，以及对所学内容进行泛

化和关联的能力。S 倾向的人更愿意从沟通的细节中汲取营养，但容易在将从一个情境中习得的能力迁移到更多情境中时遇到挑战。N 倾向的人则更擅长这种关联，但也可能在关联过程中忽略不同情境的细节差异，从而在能力迁移应用上遭遇挑战。

在通过沟通促成行动方面，决定 T–F 维度会影响我们的决策和行动方式。拿职场中常见的绩效谈话举例：在参加了由更高级别管理者主持的相关会议并要求大家马上开始绩效谈话后，T 倾向的经理倾向于"就事论事"，按要求把任务完成，而 F 倾向的经理则更有可能考虑员工的状态，根据不同的状态对谈话进行安排。这些行动上的差异，如果不能有意识地进行调整，常常会影响实际的效果。

我在这里只是就有效沟通的三大标准，分别选取一个维度进行解读。事实上，无论是相互理解、深入学习还是有效行动，都会受 MBTI 不同维度上的能力的影响。

## 29.2　人际学习

有效的人际学习在很大程度上取决于我们如何处理沟通中的反馈。在这一方面，决定 T–F 维度上的差异尤为明显且值得注意。T 倾向的人在提供反馈时，通常更加直接、客观，注重任务和问题的解决。而 F 倾向的人则更加关注反馈的情感和人际关系，往往在反馈中更注重语气和方式，以确保不会伤害到他人的感情。显然，在沟通中为他人提供有效反馈，既需要我们的 T 能力，也需要 F 能力。T 倾向的人可以通过在提供反馈时加入更多的情感考虑，使其更具建设性。而 F 倾向的人则需要学会在接收反馈时，更多地关注反馈内容本身，而非仅仅关注情感层面的因素。

在接收反馈并将其转化为成长的营养方面，T 倾向的人可能更容易接受直接且客观的反馈，他们习惯从逻辑和事实的角度审视自己的表现，而 F 倾向的人则可能更倾向于从人际关系的角度来解读反馈。如果局限在这些倾向上，我们的成长将会变得不够平衡：顺倾向上的能力不断强化，而逆倾向上的能力却没有机会发展。

在沟通协调力方面，我们对性格成长力的理解越深刻，就越能更好地理解自己和他人的沟通风格，并在此基础上进行调整和优化。不同的性格倾向会影响我们在沟通中的表现，从相互理解到深入学习，再到有效行动，每一环节都需要我们根据对方的性格倾向做出相应的调整。通过这种方式，我们能够消除沟通中的误解，促进更加高效、和谐的职场沟通，从而在职场中更好地放大自己的价值。

# PUBLIC SPEAKING

第 4 篇

## 当众表达力

当一个人能够高效利用时间做出业绩并通过有效沟通获得认可之后，这个人常常有机会处理更加复杂的事务，比如负责某个项目的管理。当他成为项目管理者后，有一项能力是需要他具备的，那就是"一对多"的沟通技能——当众表达力。

中国的传统教育很少涉及当众表达力的训练。事实上，当众表达是一项极为重要的技能。设想一下，有哪个组织的负责人、哪个层级的管理者不需要当众讲话呢？有哪个重要活动的组织者不需要当众发言呢？

在"双减"政策实施之前，很多中小学生都会去参加各种培训班。在北京，曾有一个三年级的小学生，每天学校放学后的时间都排得很满，至少要在晚上9点才能结束。这个学生有一次遇到了一位很特别的语文老师，他除了开设传统的致力于教学生掌握书面知识的课程，还专门开设了一门培养学生口头表达能力的课程。"在我看来，在一个人要掌握的所有才艺中，当众讲话是最有价值的。"他经常这样劝说学生和家长要加强这方面的能力训练。遗憾的是，他的这门课程能够招到的学生很少。好在他拥有很强的时间影响力，而且也很擅长与所在培训机构沟通。在他的努力下，培训机构在认可他的业绩和能力的基础上一直都支持他保持自己的"教学爱好"：有余力的情况下开设当众表达（演讲）能力培训班。

当众表达力，也就是做演讲的能力，是一项特别重要的职场技能。当一个人开始负责管理一个项目时，这项能力能够帮助他极大地提升效率。作为项目管理者，如果他能够有效地、"一对多"地传达信息、凝聚他人，与一对一的沟通方式相比，效率常常会获得指数级的提升。

因此，入脑入心的当众表达力是将沟通协调力成倍放大的利器，也是放大我们职场价值最重要的能力之一。

# 第30章　越重要，越需要

在进入职场的至少前8年里，我对当众表达都毫无兴趣。不仅如此，我还很看不上那些在台上说话的人。无论是上学时对那些站在讲台上的老师，还是上班后对那些在台上发表议论的领导，我通通没有好感。尽管偶尔我会对电影或电视剧中看到的一些演员所扮演的角色的演讲有些好感，但也只觉得那是演戏而已。那时在我的心目中，当众表达就是当众胡说的代名词。

我一方面觉得当众表达毫无意义，另一方面也觉得自己只要去讲，就一定能够比我所看到的那些人讲得精彩。"非不能也，是不为也"是我经常跟自己说的话：我只是不想上去讲，只要我愿意就一定能够比这些人讲得更好。

在我当上管理者后，我依然没意识到当众表达的重要性。我在工作中也会组织会议，也要当众发言，但总是"就事论事"，把事先准备好的工作内容按自己的习惯从头到尾讲完就结束。

当然，没有人告诉我这有什么不对或不好。今天想来，用学习环境的观点去看自己经历过的多数工作环境，真的都是"扭曲的"：我所获得的那些反馈都不是真实的，更谈不上及时。当然，我也不懂得如何去获得接近真实的反馈。事实上，我对反馈毫无兴趣。我觉得自己讲得不错，那就一定是不错的，干吗要听别人的评价呢？再说，我已经是管理者了，这难道不是因为自己优秀才收获的成果吗？对于一个优秀的管理者而言，听那些比自己差的人对自己言行的反馈有价值吗？

在当众表达方面，我就在这种状态中长时间地待着，没有任何改变。即使已经当过两任不同机构的一把手，也对自己的当众表达力没有任何的觉察，当然也感受不到它的重要。

直到 18 年前，我进入软实力训练这个领域。

我进入这个领域时，职位是一家荷兰公司在中国地区的 CEO。我入职时就跟董事长明确自己不想成为一名培训师，只想继续做一名管理者。因此，我对当众表达力仍然没有概念，也没有兴趣。

但在一家荷兰籍董事长是培训师出身的培训公司，就算只当管理者，我也无法摆脱各种当众讲话的任务了：几乎只要有董事长在场的场合，他都会要我即兴给在场人员讲几句，无论那些听众是公司的员工，还是客户或者总部的同事。

在这种情形下，我就开始在各种场合当众讲话了。这种当众讲话与传统的作为管理者主持会议有很大的不同——对于这些不同，我之后的体会越发深刻。但在相当长一段时间里，即使我经常应董事长的要求即兴当众讲话，我也并不知道自己讲得怎么样，也没有人告诉我。董事长出于对我的爱护，在我讲话时，自然是点头的多。员工则因为我所处的位置，也只会讲好听的话。其他人员因为我与他们的关系无足轻重，所以也不会告诉我实情。

我就这样无意识地做了很多次的当众讲话。当然，随着次数的增加，我也能够感觉到自己多少有些进步，比如讲话的流畅性、逻辑性等在不断增强。

直到我遇到一位专业的荷兰老师。

据说她年轻时曾当过演员，而且长期给中高级管理人员做演讲训练。有一次她在听过我讲话后，问我是否有时间去会议室听听她的反馈。我当时其实心生不爽，心想："你一个来中国为我们的客户提供服务的老师，凭什么要给我这个 CEO 反馈？我犯得着听你的反馈吗？"

出于礼貌，我还是跟她走进了会议室。在会议室里，她以高超的技巧就我前面的当众讲话给出了让我很容易接受的反馈，并说："如果你愿意，我可以给你提供一些训练，让你的当众表达变得更好。"

既然把她的反馈都听进去了，我自然也就愿意接受她的提议。于是她就让我做了一系列的练习，并及时给出了准确的反馈。

那次训练十分简短，但却让我终生难忘。

因为它开启了我有意识地运用当众表达力的旅程，也为我此后成为一名专业的领导力和软实力培训师打下了很好的基础。

我也终于明白，一个人的很多工作能力需要配上合适的当众表达力才能最好地发挥价值。

关于这一点，我的一位在学生时代就领略到当众表达的价值并从中受益良多的朋友的分析最让我印象深刻。

他说，一开始他也没觉得当众表达力与自己有什么关系。但后来由于他学习不错，慢慢地就有人想向他取经。先是一对一的，接下来就开始一对多了，而且他还会不时地被老师和学校安排去给更多的学弟学妹"分享"，有时甚至还会作为学生代表在各种场合发言。

一开始做"一对多"的当众表达时，他说："我同绝大多数人一样都是事先写稿的。在现场也都是念稿的。写稿很麻烦，而且老师们还要看，要我改，让我很累。有时在重要场合念稿时如果出错，事后老师还会找自己谈话。所有这一切让我看到的都只是付出，没有任何价值。"

"有一次，我作为学生代表为下一届的同学分享学习经验，应该是效果不好，班主任就找我谈心。他向我讲了一番我至今都记得的话，正是他的那番话，让我真正理解了当众表达的价值，并从此对这项能力加以重视。"

"当时班主任老师问我：'你觉得为什么会请你作为学生代表去与学弟学妹们分享呢？'我回答说，那可能是因为我学习好。他说：'是的。你成绩好，因此才会有东西与人分享，从这个意义上讲，你变得重要了。当一个人因为出色而变得重要后，就会有人想向他学习。只要有这种情况出现，这个人就被赋予了一种责任，就是要把有价值的东西分享给求学者，以不辜负他们对学到东西的期望。'"

"'如何才能不辜负求学者的期望？因为出色而变得重要的人需要以有效的方式，把最有价值的东西转移到求学者身上。而当求学者众多时，对分享者的传播能力就提出了要求。他需要找到一种最有效的、最能感染人和打动人的方式，把求学者想要的东西分享出去。而要找到这种方式，就需要分享者不断提升当众表达力。这正是我找你谈话的根本原因。'班主任最后这样说。"

"我一直都记得那位班主任老师与我的这段谈话。它让我看到了当众表达力的价值。在此后的职业生涯中，这种能力成为我放大个人价值、提升影响力的重要方式。"这位朋友最后总结道。

是的。如果你注意观察，在人类社会中，所有重要的人物大都有出色的当众表达力。很多当众表达力强的重要人物，其价值和影响力就会更加显著。一般地，对当众表达力水平的要求常常与他们的重要程度成正比。我们很难想象，一个十分重要的人物是不擅长当众表达的。不仅如此，一个人越是重要，对其即兴表达的能力要求也会越高，因为在很多正式或非正式场合，人们都期待着或者安排重要人物在没有时间做准备的情况下给大家讲几句。

这种社会现象看上去像是抬高重要人物，这当然是一个方面。但从统计意义上讲，多数人的重要还是基于他们是优秀的，因此，他们为他人所期待的当众表达本质上也是一种价值的传播。比如，一个专家被邀请当众表达一些对其专业领域的看法，是有利于受众了解该领域的。多数的领导者，小到几人团队的领导者，大到一个国家的领导者，都需要以当众表达的方式去凝聚人心。在管理情境中，当众表达常常是一个人对团队和个人施加影响的重要方式。

正是因为"越重要，越需要"，所以当众表达力才真的是一个人最值得学习的重要"才艺"之一。

# 第31章 从"一对一"到"一对多"

我曾经遇到过这样一位学员，他在平时与人沟通时几乎能够做到我在前面"沟通协调力"中提到的全部，既能很好地领会对方的"弦外之音"，又能恰当地予以回应；既能倾听来自对方的负面反馈，也有勇气直接表达自己的观点……总之，在"一对一"的情况下，他的沟通协调力是非常出色的。

然而只要站在台上，或者更准确地讲，只要沟通的情境变成相对正式的"一对多"，也就是在相对正式的场合同时与多位受众沟通，且这种沟通变得相对"单向"（以他表达为主）时，他就立刻变了一个人：表情紧张、词不达意、逻辑混乱，有时候脸都变红了。

这种情况给他带来了很大的挑战，因为他即将得到提拔，而新的岗位将要求他做更多的当众讲话，而且他也从上级那里得到了清晰的反馈：必须努力提升当众表达力。

在为他提供一对一辅导的第一次训练时，我与他就这一特别但事实上十分普遍的挑战进行了深入的探讨。

我们把"一对一沟通"和"一对多表达"进行对照，列举了它们之间的共性和差异，然后开始为强化共性和应对差异进行训练。

我们一致认为，既然他一对一的沟通非常出色就说明他在思维的清晰程度、表达的丰富性上是没有问题的，这些能力显然也是"一对多表达"时需要的。现在他需要强化这些能力，运用它们给自己建立信心。"当众表达，本质上就是'一对多'的有效沟通，"我对他说，"因此，你不需要把当众表达当成一种'完全不同'的技能去看待。"事后他告诉我，我的这一说法给了他很强的信心。

然后我们再去看那些差异之处。显然，"一对多表达"时，听众更复杂了，反应也不会像"一对一沟通"时只有一个，而是在很多时候会出现多种不同反应，这需要表达者看到其中的共性，或者至少看到主流的反应，并以更"宏观"的方式对其进行归类，比如要去看"多数人是在认真听的"这样的指标，而不要被少数或个别的负面反应吸引太多注意力，并试图像"一对一沟通"一样去逐一"挽回"。另外，在"一对多表达"时，互动性常常会更弱一些，表达者就不能像"一对一沟通"那样过于依赖受众的反应去调整自己的表达。这意味着表达者需要有更多的准备，不要采取像"性格成长力"中所描述的 E 倾向的那种"在互动中思考"的做法，而是要运用自己的 I 能力，在讲话前做更深入的准备。

我们当时就这样一边分析一边训练，一方面把他在"一对一沟通"中的优势迁移过来，另一方面强化"一对多表达"所需的特别技能。最终我帮助他出色地通过了提拔前的测评，并在之后的工作中在当众表达方面赢得了上级的认可。

是的，当众表达力在本质上就是把沟通从"一对一"变成"一对多"。在第 23 章中，我曾提到过衡量有效沟通的标准是相互理解、深入学习和有效行动，这个标准同样可以用于当众表达。只是在当众表达中，达到这些标准的方式变化了。比如，在相互理解方面，当众表达主要以事先了解受众偏好及在表达中安排专门的提问互动环节来实现；在深入学习方面，除了在提问互动中深入交流，更依赖信息单向且有效的传输；在有效行动方面，出色的当众表达常常能够激发在规模上远非"一对一沟通"所能达成的、多人高度一致的行动，而规模正是当众表达力的"威力"所在，也是重要人物们需要当众表达力的重要原因之一。

# 第 32 章 "说者准，听者快"

要想出色地当众表达，首先要明确它希望达成的理想效果。这种效果，用时间影响力中关于时间感知的概念来描述，就是"说者准，听者快"。

在第 18 章的"时间观念与幸福感受"一节中，我提出从时间的视角，在影响他人时我们要追求的效果，并作图进行了说明。

当众表达时最需要追求的就是这种效果：我对时间的感知与客观时间的流逝是一致的，而听众则觉得时间比客观的时长要短，觉得时间过得"快"。说者准，可以保证效率，不浪费时间；听者快，让听众感觉意犹未尽。

"意犹未尽"的状态意味着听众的投入，这种投入是达成"相互理解""深入学习"和"有效行动"沟通效果三要素的基石。当众表达者如果能够达到"说者准，听者快"的水平，其影响听众的效果应该是有保证的。

理想的情境是当众表达者能够在整个时间段都达到这种效果。有时候听众短时的走神，尤其是在当众表达者表达关键内容时，也会对影响的效果造成不良影响。关于这一点，我们在上学时就很有体会：老师在课程开始的阶段一般会讲课程内容的价值，而且会举各种例子。这种内容常常能够吸引学生。但老师在讲解具体内容时，常常会进入非常理性的"干货"呈现状态，比如在数学课中就是一个例题接一个例题地讲授。这种时候，学生就会觉得时间过得很慢，走神的概率就会大大增加。即便老师能够在课程结束时用各种方式再次将学生的注意力抓住，但整个课程的效果已经因为中途未能达到"说者准，听者快"的状态而受到负面影响了。

要想在当众表达时让整个过程都达到"说者准，听者快"的状态，需要当众表达者提升很多方面的能力。

# 第 33 章　内容与逻辑

## 33.1　内容的组成

内容与逻辑，其实是我们每个人在任何情境下与人互动的基础性话题。只是它对于当众表达而言，其重要性显得尤为突出。

人的大脑在处理信息时需要先对其进行整理才能够将信息转化为知识。只有能转化成知识的东西才有沟通和传播的价值。纯粹的信息传递在当下的信息时代已经完全可以被技术取代了。

在谈到"内容"时，我们需要理解几个基本概念，它们分别是数据（data）、信息（information）、知识（knowledge）和技能（skill）。对于前三者，我赞同许小年教授在一篇文章中对它们的定义，在此引用如下。

### 数据

数据是来自世界的信号，是世界万物原始的表达。这些数据正越来越多地以二进制数字的形式产生和传播，经过电脑的识别与处理，还原为文字、语音、图像、视频，在我们的感官中留下关于这个世界的印象。

### 信息

信息是我们从数据中提取的有用元素，就像从金矿中提取的黄金一样。信息让我们有可能识别事物和事物的属性，例如这是一块黄金、黄金很重等。

## 知识

知识是有组织和有逻辑关联的信息，是我们对于事物和事物之间的关系的理解，例如地球绕太阳运行的轨道是椭圆形的，水加热到 100 摄氏度就开始变成气体。

许小年教授给出的这些概念，对于我们自己的成长及与他人的沟通、对他人施加影响等，都是极为重要的。

我自己在多年前也曾经写过一篇文章，题目是《信息不是知识，知识不是技能》，其中对于信息和知识的理解与许教授的定义是一致的。由于我的工作主要是支持客户和学员完成从信息到知识、从知识到技能的转换，所以我才会有对于这些概念的思考。许教授的文章更加深刻，还指出了"数据"这个源头。的确，我们每个人都会接触到各种数据，但不同人从中提取有用元素的能力是不一样的。在接下来将信息转化成知识的过程中，人与人的能力也会存在差异。这就是为什么即使在同一个班级中学习，每个学生接收到的数据几乎是一样的，但由于从中提取信息的能力及将信息转化为知识的能力存在差异，最终造成了不同学生成绩上的差异。

除了从数据到信息、从信息到知识的转换，还有一种非常重要的转换就是从知识到技能。这个转换在很多领域常常是决定性的，尤其是在我们的日常生活和管理实践中。如果一个人不能完成这个转换就会进入"懂得世界上所有的道理，却过不好这一生"的状态。从知识到技能的转换，说到底，是一个从"知"到"行"的过程，只有完成了这个过程我们才可能达到知行合一的境界。显然这个境界，就是一个人能够达成的最佳状态。

之所以要在这里提到这些概念，是因为一旦混淆了这些概念，当众表达的质量就会受到极大的影响。

比如，一次有质量的能够吸引受众注意力的当众表达，如果只提供前面所述的数据其价值就十分有限。这相当于一个人请客吃饭时只把从菜市场买来的原材料摆放到餐桌上。因此，当众表达最基本的内容要素至少要达到信息的程度，也就是要对原始数据有所取舍，提取有用的信息来分享；不仅如此，还需要在表达时对所提取的信息进行分析，也就是要传达知识。当然，当众表达在传送与知识相关的技能方面则要看情况，有些时候只能达到演示相应技能的程度。

比如，一个医生在人数众多的现场以当众表达的方式向听众讲解健康知识时，自己就未必能够现场传授或演示相应的技能。由于很多技能要依赖持续训练，比如计算机操作或者针灸按摩等，所以是不大可能通过当众表达的方式来传授的。总体而言，当众表达在多数情境中都是用于传递信息和知识的。

## 33.2　作为"主线"的逻辑

数据、信息、知识和技能的概念，本身就可以为内容的逻辑提供基本的框架。这个逻辑就是，在当众表达中分清数据、信息、知识和技能的不同层次，甚至可以直接沿用"数据—信息—知识—技能"这个简洁的逻辑，对内容进行设计。

比如，当我要在聚会上为客户讲解我们的服务时，就可以先提供一些我们为过往客户服务的数据，把不同客户的名称列出来，然后从中提取出想要传递的信息，比如行业、规模、人员特征等，之后再对它们进行分析，从而形成一些结论性的知识。比如总结出客户的行业特征与规模的关系，人员特征与行业的关联，不同行业选择服务的共性标准等。经过这样的简单设计，当众表达所需要的内容和逻辑就出来了。

当众表达的逻辑设计其实也很简单。它并无定式，只要能够体现出思维的流畅性就行。就像小说，既可以按时间轴让故事自然展开，也可以采用插叙和倒叙，只是有一点，就是要特别注意处理各种衔接的连贯性，并能够在其开始和结束处向受众明示。

这样说起来毕竟感觉有些抽象，不妨举几个例子。比如，某次我决定在演讲中采用时间顺序来简要介绍我创立的软实力工场，而且其中还要使用插叙和倒叙，那么这个当众讲话的逻辑就可以呈现成如下的样子。

"在我担任那家荷兰培训公司中国区 CEO 的第五个年头，发生了一些让人觉得十分挑战的事情……（然后遵循讲故事的原则讲述这个挑战及自己的突破）。"

"在 2012 年 9 月 1 日学校开学的日子，我写了一篇文章发布在软实力工场的网站上，文章的题目是《开学》。我将它作为软实力工场开业的官宣。"

接下来我会按时间顺序讲软实力工场的发展，大约讲到 2015 年时，可以就某个事件开启倒叙，比如：

"在公司开业 3 年后，一切都比较顺利。这时候当然就会想着扩大规模，于是我就开始考虑培养自己的老师团队。一想到培养自己的专业师资队伍，我不由得回想起当年进入软实力训练这一领域时，自己与当时的荷兰老板的一次辩论……（然后又是按照讲故事的逻辑讲述我经历挑战后的思维转变）。"

在倒叙快结束时，可以很自然地回到原来的时间轴上来："经过那次辩论，我坚定了自己培养专职师资团队的想法……（然后我将继续按时间轴介绍软实力工场）。"

在为内容设计逻辑时，还有一种经典的做法就是使用"总—分—总"的框架。这也是我们这个行当里，老师们在讲课时常常使用的一种总的逻辑框架。比如，在课程开始时，老师会向大家做一个总体的说明（总），然后进入课程内容的细节（分），到课程结束前又会对课程进行总结（总）。当然，在"分"的部分也可以继续使用这样的逻辑，就是用一个"总—分—总"套另一个"总—分—总"，把全部内容设计得像俄罗斯套娃一样。

其实逻辑是非常多样的。上面所讲的无论形式如何，总体上都可以归为一类，我把它称之为"连续性"逻辑。除此之外，我们也可以运用"跳跃性"逻辑来设计内容，就像意识流的小说一样。当然，这种跳跃也不能太随意，否则听众就会迷失。道理很简单，即使是意识流小说，"流"依然是存在的，不同内容之间仍然需要用"流"来串联。同时，由于当众演讲毕竟不同于写小说，所以无论采用什么样的逻辑，终究还是要让听众看到它。否则，听众一旦失去兴趣再想把他们的注意力聚集起来可就难了。

为内容安排一个逻辑就是找到那条把内容串起来的"主线"。

# 第 34 章  不只有"干货"

每次讲到当众表达，总让我想到关于传播的这句经典的话：理性的内容，感性地表达。

我其实已不记得这句话的出处了，但它对我的冲击和启发一直都在。这句话太容易验证了。随便回想一下我们上学时听过的课就可以。比如，尽管我当年是个工科学生，但对于数学老师不夹杂一点"水分"、只讲公式推演的方式，我还是会厌烦、听不进去课，盼望下课。但我遇到过的一位物理老师却擅长给"干货"加上"水分"，举各种例子、打各种比方来解读那些高深莫测的理论，让学生的注意力时刻保持在他所讲的内容上，还不时发出笑声。

从事培训工作这么多年，我常常听到人们对"干货"的期待。但我总觉得太"干"的"货"不仅让人难以消化，还会让人倒胃口，甚至把人噎住。为了说明我的这个观点，我还曾专门写了一篇题为《我不要干货，我要大餐》的文章。纯粹理性的信息对于大脑而言，常常是极大的考验，需要受过多年的专业训练才能用"以苦为乐"的方式对其消化和吸收。对于绝大多数人而言，过于理性的信息常常会让他们昏昏欲睡。

据说当年很多大学生为了出国留学而去校外参加英语培训。就内容层面而言，校外培训班比校内英语课并没有什么特别之处，但校外培训班的老师却多是将枯燥的英语内容融入风趣幽默的"段子"中的高手，甚至有学生这样评价：参加校外培训班只是为了去听"段子"，真正的学习大多是在课后完成的。老师只是在课堂上讲各种与英语相关的笑话，然后把要学习的内容布置成作业而已。有意思的是，学生们仍然十分乐意付费去参加那样的课程，而对于学校里开设的那些专注于内容学习的英语课总觉得索然无味。

实际上，富有感染力的当众表达就是在理性的内容与感性的表达方式上达到了平衡。太多的理性，让人觉得枯燥，但太多的感性，则会让人觉得言之无物。

比如，很多专家的发言常常就会因为内容太过理性而无法吸引听众。其实这些人发言的内容很有水平，甚至很多人取得过很高的成就，发表过非常专业的论文。但他们在人数众多的场合向大家讲解或传授相关的知识时，极有可能让人觉得枯燥无味。即使是同一领域的专业人士，如果在理性思考方面受训不足，听起来也会容易走神。而那些理性思考能力足够强大的专业人士，通常又更喜欢以主动阅读的方式获取相关信息，因此也难以在会场表现出对演讲者的兴趣。事实上，很多时候，他们更佩服那些能够在专业的理性内容中融入风趣表达的演讲者。

理性的东西常常难以传播，就像"好事不出门"一样。

与之相反，非理性的、充满感性的东西却具有极强的传播力，就像"坏事传千里"一样。

比如，在关于新冠疫情的媒体传播中，各种客观理性的统计数据常常很难打动人，人们对一天新增病例数的敏感程度，远远不如一个社交媒体上发布的关于个体或疫情伤害的故事，哪怕这个故事是假的。

在传媒领域，那些深谙其道的传播专家总是更愿意用具象的故事，而不是冰冷的数据或事实去传播一件事情、一个观点或者一个信念。

在运用感情进行传播方面，那些常出阅读量达"十万加"文章的自媒体几乎都是高手。我们只要随手打开微信去找几篇传播很广的文章就可以体会到这一点。

不同时期的网红也是十分擅长运用情感和价值观进行传播的。他们在直播中当众表达时所运用的是大量的感性表达技巧。如果人们在听完他们的表达之后，静下心来，就会发现在内容方面他们的表达其实是漏洞百出的。

显然，除非我们只想追求内容本身，而不去想传播的效果；除非我们只想打动别人，而不注重思想本身的传播，否则我们不应该走向上述两个极端中的任何一个：过于理性让人听不进去，而缺乏理性内容的感性表达则可能误导他人。

我们需要拥有的是将理性的内容装入感性的 "容器" 的能力。

# 第 35 章　故事的力量

将理性的内容装入感性的"容器"最重要的一种方法就是讲故事。由于讲故事是如此重要，所以我把它单独列出来，发表一些自己的看法。

人类既是故事的创造者，也是故事的奴隶。

尤瓦尔·赫拉利（Yuval Noah Harari）在《人类简史：从动物到上帝》中谈到故事的力量时，指出人类在相当长的时间里是靠各种"八卦"故事连接在一起的。后来，人们不仅拥有那些过去曾经发生过的故事，而且运用智人的特殊技能以"虚构"的方式创造故事。他在书中说："……'虚构'这件事的重点不只在于让人类能够拥有想象，更重要的是可以'一起'想象，'一起'编织出种种共同的虚构故事，不管是《圣经》的《创世纪》、澳大利亚原住民的'梦世纪'（Dreamtime），甚至连现代所谓的国家其实也是种想象。这样的虚构故事赋予智人前所未有的能力，让我们得以集结大批人力、灵活合作。虽然一群蚂蚁和蜜蜂也会合作，但方式死板，而且其实只限近亲。至于狼或黑猩猩的合作方式，虽然已经比蚂蚁灵活许多，但仍然只能和少数其他十分熟悉的个体合作。智人的合作则是不仅灵活，而且能和无数陌生人合作。正因如此，才会是智人统治世界，蚂蚁只能吃我们的剩饭，而黑猩猩则被关在动物园和实验室里……"

想想当今的很多成功企业，创业时都是从"故事"开始的：用故事吸引投资，用故事吸引人才。具体的故事我就不写了，因为我们只要随手上网一查就能看到无数的例子。事实上，企业家创业获取资源尤其是赢得投资的方式，很多时候讲故事是唯一的出路。当他们没有资源、一无所有却又想超越日积月累的方式发展业务时，他们除了向投资者"虚构"关于自己想做的事情的故事，并用这个故事在茫茫人海中找到志同道合者，还有什么其他更好的办法吗？

由此可见，我们要想通过当众表达影响他人，学会讲故事就成了一种必需。事实上，我们所喜欢的每一部电影、每一部小说，也都是导演或作者在向观众或读者进行当众表达，只不过表达的形式不同而已。

要想获得出色的当众表达力，我们就需要向那些优秀的小说作者或电影导演学习，把用"脑"思考获得的理性内容用"心"充满感性地表达出来。这个方法可以作为我们练习当众表达的基本出发点。

因此，无论向受众讲什么内容，我们都需要像电影导演一样完成以下两项准备工作。

一是内容的准备。这是理性的部分，需要我们深入思考。这方面包含三个部分的内容。第一部分是关于目标的，也就是我们要想清楚自己当众表达想达成的目标。目标是行动的指南，也是提升资源利用效率的基础。关于目标管理，尤其是如何在人际互动中对目标进行动态管理，可参见我在《软实力三原色——掌控人生的三大关键能力》一书中关于果敢力部分的相关内容。

内容准备中的第二部分工作就是根据前面明确了的目标，对内容进行选择。关于内容选择，最需要注意的是相关性（这需要用到思辩力）。很多人在当众表达时，常常会不知不觉地涉及一些无关的内容，造成"跑题"。比如，有一回我拜访完客户后，本来是想向同事们分享一下拜访的成果的，结果讲着讲着就"跑"到对客户办公室装修风格的品评上去了。事实上，"跑题"是当众表达时最普遍的现象之一。比如那些受邀请做即兴讲话，把"只讲 5 分钟"讲成了"1 小时"的嘉宾，所犯的错误除了没有"时间观念"，很可能就是"跑题"了。造成"跑题"的原因，一方面是事先没有对内容做出有品质的选择，另一方面是表达者受自己兴趣爱好影响所致。

内容准备中的第三部分工作，就是对选定的内容素材进行逻辑上的梳理（这件事也需要用到思辩力）：这些内容需要用什么样的逻辑来组织所选的内容呢？按时间、层次、分类还是事物发展的规律？用逻辑把信息组织起来是我们有效处理信息的方式。没有逻辑的杂乱信息是很难被人吸收的。

在完成以上的内容准备工作后，我们还要做第二项准备工作：内容设计。这其中最重要的就是分清主次。什么是我们想传达的核心信息？听众会对什么内容更感兴趣？如果这两者之间存在矛盾应该如何处理？

关于这一点，我举个例子。

在一次关于当众表达的训练课上，我要求每个学员都要在演讲中谈到这几个方面的内容：个人简介；在个人的经历中，哪一次的当众表达让自己满意；从那次成功的经验中，学员可以与大家分享什么经验；在当众表达方面经历过的最大挑战是什么。

如果你是我当时课堂中的一员，你会如何设计这些内容呢？你会以哪些内容为主、哪些内容为辅呢？

当然，这首先取决于你想要达成的目标。如果你的目标是想与大家分享成功经验，你自然就会把第三个内容作为重点来讲。在这种情况下，如果我们站在听众的立场，在上述四个方面的内容中哪一个是我们最想听的呢？

有意思的是，很多听众其实并不想听演讲者分享经验，他们对演讲者遇到的挑战会更感兴趣些。其实这种现象也非常容易理解，因为从心理诉求上看，人们更喜欢通过看到别人的"不顺心"来让自己获得一些平衡甚至是优越感。与之相反，听成功者分享经验，听众就要把自己置于较低的位置，听众的感受显然不如前面好。

在这种情况下，演讲者就会发现内容上的矛盾了：一方面，自己想分享经验，多讲讲自己的成功故事；另一方面，听众更想听的是演讲者遇到的挑战。意识到这个问题对能否做好当众表达至关重要。

那我们应该如何处理这种矛盾呢？如果我们想坚持以"分享经验"为主，就必须对这部分的内容进行特别处理，努力让它对听众有强大的吸引力。这种特别处理的最重要的方法就是将其故事化。

要对一个内容进行故事化，就需要了解什么样的故事最能吸引人。一个好故事最不能缺乏的就是冲突。关于这一点，我们只要回想一下自己能够记得住的电影或小说，甚至是自己经历中的那些印象深刻的事，就能体会得到。

事实上，听众想听的关于我们经历中的"挑战"，本身就是冲突，因为当时我们一定是想收获成功的，但很遗憾没有如愿——这就是冲突。

因此，我们需要把"分享经验"设计成一个有冲突的故事。一般而言，在这个故事里，我们依然会经历"挫折"，然后"醒悟"并获得可分享的"经验"。多数情况下，这样的处理就能够吸引听众，并有效地传递自己想要传递的信息，从而达成自己的目标。

在我们需要当众表达时，如果能够从一个故事开始，或者把每一个核心内容都设计成故事，那么我们的讲话就成了"故事会"了。一旦这些故事足够精彩，而我们在讲述中又能够很好地让自己对时间的感知与时间的客观流动保持一致，我们就能够像在"时间影响力"一篇中所提到的，让受众在时间上的主观感受变得很短：我们讲了一个小时，而听众却觉得好像只过了十分钟！

# 第 36 章　以写练讲

以写练讲，是练习当众表达力的一种强有力的方法。它有点像武术里的"站马步"，属于基本功。

很多人演讲时没有逻辑，用词不准，连贯性不强，其实都是缺乏以写练讲这一基本训练的结果。

在日常工作和生活中，我们常常会看到很多人在当众讲话时"念稿"。他们采用这种方式就是要避免上述情况的发生。

以写练讲，先把内容写下来，然后再回头看这些内容就能够很清楚地看到它们是否服务于目标的达成及重点是否突出。

此外，写作还有利于逻辑的形成、梳理和强化。写作是一个将我们的思想转化成文字的过程。这个转化由于涉及书面表达，而且会让我们的眼睛看到，因此很多原来看不到的"想法"就会"被迫"组织起来、关联起来，一些"点子"要么因为写下来被发现与目标无关、要么因为无法用文字表达出来，而必须放弃或用更合适的内容替代。所有这一切，都非常有利于我们对内容进行梳理，形成更加连贯严密的逻辑。

"写"之所以比直接地"说"要困难，就是因为"写"在本质上是对"说"的梳理、深化甚至升华。它不仅能够检视"说"的逻辑和连贯性，还能起到去芜存菁的作用，将那些无用的东西去除掉。

将想法写下来的做法其实也是训练思辩力的重要方式。

写作也有利于加强思考的深度。相对于"说"，写作对于每个人来说，都是一个深入思考的过程。关于这一点，我在写作《果敢力：始终做自己的艺术》一书时感受最为深刻。在写那本书之前，尽管我已经为各类客户，包括企业的最高级管理人员都讲授过"果敢力"课程，但一直都没有把果敢力的模型图形化，而主要是以文字的方式进行表述。在写作《果敢力：始终做自己的艺术》的过程中，我有一种强烈的将它予以图像化表达的想法，于是就开始冥思苦想，最终设计出一个十分简单好记好用的图形化模型来。

写作，尤其是写完之后对内容的回顾，会让我们对相关内容的思考程度加深很多。事实上，我在写下这些文字时，大脑会不停地对内容做取舍，并思考如何表述是合适的。所有这一切都会加强我对想要表达的内容的思考深度。

最后是提高用词的准确性和简洁程度。这一点几乎是不言自明的。毋庸置疑，口头用语和书面用词本身就存在区别。这种区别最重要的表现之一就在用词的准确性和简洁程度上。其实验证这一点很简单，现在我们使用的智能手机基本上都有语音输入功能，如果你使用语音输入功能时只按自然的方式表达自己的想法，最后的文字常常让人不堪卒读。有些时候，为了训练自己口头表达的准确和简洁，我会特意使用语音输入功能来录入文字。很多时候我都发现，如果不努力驾驭自己，那些文字是很难直接发出去让人阅读的。

以写练讲这一训练方式，其实是一种将要讲的东西变成文字，之后再讲出去的过程。这是一个既打磨现有内容也创造新内容的过程。经过这个过程，我们所表达的东西将更加深刻、连贯和准确。

# 第 37 章　练习"表演"

不知为什么，我看过的中国戏剧虽然不多，对其中的表演却印象十分深刻。

在从事软实力训练服务这项工作后，我对戏剧的兴趣更大了。其中最重要的原因就是戏剧中丰富的肢体语言让我着迷。有一次，我去北京的长安大剧院看京剧，演员们那些举手投足的"慢动作"，都让我觉得极富感染力，受益良多。

我觉得，在形式上，戏剧拥有一个人提升当众表达力最丰富的营养。

当众表达，在很多方面都很接近一种表演艺术：要面对多个受众，其间的互动相当有限，要能够很好地吸引受众的注意力等。因此，在训练自己的当众表达力时，可以在表达形式上将其视作一种表演艺术，并用艺术的标准来进行训练。

当然，表演艺术也有很多种，对于当众表达而言，由于它不涉及太多角色及在台上与他人的对话，因此它最接近的应该是语言艺术，最贴近的可能是单口相声。

当然，当众表达在很多时候与表演艺术也有着十分明显的区别，这种区别主要体现在内容和目标上。当众表达的主要目标常常是让受众理解相对复杂和理性的内容，或者激发受众的情绪（比如领导人的竞选和就职演讲等），而表演更多地属于娱乐的范畴。当然，很多表演也能够传递十分深刻的内容——谈到这里，当众表达与这样的表演就又高度一致了。

基于上述理解，我们就可以对自己的当众表达力进行形式上的训练了。

首先，当然是语言上的。这些训练包括声调的变化、语速的快慢、与情感和表情的匹配等。我们可以从以下几个方面入手加以训练。

一是练习朗诵。尽管我们在上学时可能都被老师要求朗读过课文，但那并非真正的朗诵。真正的朗诵是非常专业的。关于这一点，我自己也很有体会。2000年上半年的几个月里，受新冠疫情的影响，我们的线下学习服务进入完全停滞状态，为了"找点事干"，同时也是因为前些年出现过几次因授课频率高而失声的情况，我就邀请了一位毕业于中国传媒大学、原来当播音员后来从事播音主持艺考培训的老师，来给我做发声方面的训练。我当时的想法很简单，就是想学习那些专业声音工作者的发声技巧，避免或者至少减少再次出现失声的情况。在开始之前，老师告诉我这个训练还将帮助我提升自己的普通话和朗诵水平。我没有把这当回事，因为我当时觉得他所说的这两点都不是我看重的。"就算讲我的家乡话，只要能够用你们的专业发声技巧就行了。"我心里想。

在训练开始后，很快老师就要求我用新的发声方式去朗读一些诗词或文章，而且要我练习一些"绕口令"。他说，发声是为了正音，声是用于音的，否则学发声有什么用？对于他的这个说法我并不相信。但这并不影响我认真练习他所要求的每一点，毕竟我自己也是当"老师"的，非常理解学习时的心理状态，觉得既然自己决定请老师来教我，无论如何还是应该认真对待他所说的每一个练习。在这个过程中，他给我示范如何朗诵，同时也发给我一些专业人员的朗诵视频，让我通过观看去体会朗诵这门艺术。

我逐渐开始认识到，朗诵的确是一门艺术，它与我们当年在课堂上被语文老师点名朗读课文完全不是一回事。我开始更加注意朗诵者对声音的出色运用，并对那些能够通过声音把文章的内容进行传神表达的专业人员表达敬佩。我至今仍记得，当时我在听了由两位不同的专业人员朗诵的《最后一课》后受到的震撼。朗诵者把文章中主人公的状态表达得那么绘声绘色，让我深深感叹：原来，用好声音居然能够有那么神奇的效果！

其次，除了练习朗诵，为了更好地训练自己的当众表达技能，我们还可以从传统戏剧，尤其是京剧中学习肢体的运用。具体的做法可以是观摩和模仿。之所以专门提及京剧而非其他剧种，主要是因为京剧的语言最接近普通话。在我们的传统戏剧中，演员常常会使用高度夸张的肢体动作，举手投足、一颦一笑，都能够传递非常丰富的信息。向他们学习如何运用肢体语言是非常有效的。

对于当众表达而言，在肢体的训练方面，眼神、手势和表情是基础，其次是身体姿态、走动形态等。总之，对声音和肢体的高质量训练是我们掌握当众表达的基础。只有把它们用好了，我们所设计的内容才能够达成最好的效果。

# 第 38 章 真诚和自然是最好的状态

## 38.1 从学习"套路"到忘掉"套路"

我们看到很多人在当众讲话时会一直处于"受训"状态，最典型的体现就是演讲者的肢体语言的模式化痕迹十分清晰，很容易看出来。比如，在台上的走动、手势的开合等都是简单重复的，没有变化。

很多人在完成一种技能的训练后，在应用中都无法消除"招式"的痕迹，让人一看就知道是在做各种"规定动作"，或者就是在"走流程"。每当谈及这种现象，我都会想起一件有趣的事。

有一位参加过经我引入中国的"共创式教练（Co-active Coaching）"认证的年轻人，在一个学习的场合找到我，表示想加入我的团队做"高管教练"。我说："好，先让我尝试一下你的教练服务吧。"然后他就把我当学员展开了自己的教练服务。几分钟下来，我就看出他是在背课堂上学到的那些提问列表，顺序上几乎完全是按在课堂上所学的套路进行的。完成后我跟他说："你的套路学得不错，但你需要回答一个问题：一个高管凭什么愿意成为你的客户，让你按这些套路问他这些问题？"他一时答不上来。

出色的应用是一个去除范式的过程。曾经有一个微博"大咖"写了一篇文章，分析了造成"明白了所有的道理，却过不好这一生"这种现象的原因。她在文章中指出，很多人很喜欢追求各种结构化的东西，并且喜欢不分场合地运用，而且不用完一个套路就停不下来。这种"生搬硬套"地把各种道理"套用"到自己生活情境中的做法，就会导致一个人"懂得道理却过不好人生"。

学习套路是训练的必经之路，但忘掉套路才是真正的应用。这就像《笑傲江湖》中令狐冲向风清扬学习独孤九剑时一样，后者要求令狐冲"将这华山派的三四十招融会贯通，设想如何一气呵成，然后全部将它忘了，忘得干干净净，一招也不可留在心中"。风清扬所言正是学以致用的最高境界——人剑合一。

## 38.2　Being 的力量

在完成了内容的准备、声音和肢体的训练后，我们还需要做一件更重要的事，就是观察、管理和调整自己的状态。

什么是自己的状态呢？就是英文中常说的 Being。在我当年接受专业训练的过程中，国外的老师常常用两个英文词来描述和训练我们：一个是 Doing，指的是"做"事；另一个是 Being，指的是我们的"身心状态"。当时在相当长一段时间里，我都不大能理解 Being 是个什么东西，觉得有 Doing（做）不就够了吗？我们在日常生活中，除了"做"事还有什么呢？当然，我就更不理解 Doing 和 Being 这两者之间的关系了。

但事实上，做事中的 Being 是非常重要的。

比如，我们常常会遇到这样的人，他们嘴里说着各种漂亮的词汇，但我们却能够感觉他并不是那样的人。当一个人在讲"真诚"这个词时，而人们却感受不到他的真诚，这时候，这个人的 Doing（做法）和 Being（身心状态）就是分离的，人们就会觉得他是在"说一套，做一套"。

从这个简单的例子可以看到，一个人在当众表达时的 Being（身心状态）是非常重要的。这同样让我想起当时我的朗诵课老师对我的训练。他说："当你朗诵时，要把自己的状态调整到与文章的内容相一致，而且不是'装'，而是真的沉浸其中。比如，当你朗诵朱自清的《春》时，就是要进入一种活泼的、充满期盼的状态，用这个状态去诵读'盼望着、盼望着……'。而当你朗诵舒婷的《祖国啊，我亲爱的祖国》时，前两节的状态是沉郁、凝重的，充满对祖国灾难历史、严峻现实的哀痛；而后两节则是清新、明快的，流露出祖国摆脱苦难、正欲奋飞的欢悦。"这就是表达时需要拥有的 Being。

有了 Being 的"做"，就是我们中文所说的"用心做"。一个人在做一件事时是否用心，是否投入，旁人是能够看出来、感受到的。一个全心投入做事的人，对他人的影响之大，甚至胜过任何习得的影响力技能。

在当众表达方面，有时候我们会看到一些演讲者身上明显的"受训"痕迹：无论是他们的声音，还是他们的肢体，其表现都是"公式"化的。有手势，但只是简单地重复，看不到与所讲内容的配合；有声音的变化，但感受不到与内容的贴切。这样的当众表达很明显还处于应用"套路"、缺少 Being 的阶段，是很难真正打动人的。

如何在当众表达时让自己达到出色的状态？首先我们要做的是对内容的消化，并建立我们与所表达内容之间的联系——这是我们与机器最大的区别。没有这种联系我们就会成为播报文字的机器。这种联系不仅是理解上的，更是情感上的。记得有一位出色的主持人在分享自己录制视频的心得时说："在每次录像前，我都需要花时间建立自己与所讲内容的连接。是的，那些字我都认识，但如果我不深入理解它们，看不到它们之间的关联，甚至是它们前后的那些更深的含义，我就无法去录像，因为我不会有好的状态，而没有好的状态，录像就不会有吸引力。"

在建立了自己与内容之间的这种关联后，让自己以自然和真诚的方式去承载所要表达的内容。当内容沉重时让自己沉重，当内容激昂时让自己激昂，让自己的情感与内容融为一体，让自己的声音、表情、手势和其他肢体动作都成为内容表达的有力支持——同时，还让这一切处于自己的掌控之中。

让一切始终受控但保持高度自然与真诚是非常重要的。这种最高境界就是孔子所言的"乐而不淫，哀而不伤"：即使表达再快乐的事情，也不能让自己进入不可控的狂喜；就算是倾诉最悲哀的故事，也不能让伤心变得不可抑制。

自然和真诚，加上各种做法上的技巧，就是达成最好的当众表达的有效途径。

# 第39章　挑战式训练

在我看来，关于训练高水平的当众表达力的最后一个做法，就是根据前面提到的"善意"和"扭曲"的学习环境的原理，全力为自己创造一个善意的练习环境，让自己的训练变得高效。

善意的学习环境是我们能够收到及时准确的反馈的环境。因此，在训练自己的当众表达技巧时，找到合适的人给自己真实的及时反馈是很重要的。

为了让所收到的反馈拥有足够的品质，我们可以为自己在当众表达上想要达成的理想状态设定一些指标，然后根据这些指标去寻找能够提供相应反馈的受众——他们其实是我们的老师。

当然，如果我们能够找一个在当众表达方面完全符合我们所列出的标准的人，而且那个人还能够专业地给出反馈来，那是最理想不过的了，因为那个人就是一位最合适的老师。

如果找不到这样的一个人也没关系，我们可以为不同的训练目标寻找不同的老师。比如，在内容和逻辑上，我们可以先列出自己需要达成的指标：内容与目标的相关性、内容之间的逻辑关系、重点与非重点的关系等。然后我们就可以去寻找文字能力出色、具有较强逻辑能力、喜欢挑人"毛病"的人，给自己所计划的内容提出反馈，甚至做些辩论，以提升自己在"以写练讲"方面的效果。举个例子，我们可以找一位长期从事公文写作，尤其是擅长起草发言稿的人来给我们当老师。

在表达形式上，我们也可以分头训练。比如训练声音，真的可以考虑找一位播音主持专业毕业且有相关工作经验的老师给自己在声音运用上提供指导。

在肢体运用上，如果有条件，去找一位受过专业表演训练的人当老师是最好的。实在不行，也可以考虑参加一些业余的表演训练。这种训练，既可以是我前面提到的拉伸强度很大的戏剧表演，也可以是各种现代演出。我有一位学员在学习演讲时就曾经向大家分享，她自己参加过即兴表演的课程，其中很多技能都与当众表达有关。

最后也分享一下我在当众表达方面训练的方式。

在我站在一群学员面前当"老师"之前，我一直都没接受过任何专业的当众表达训练。即使是在我接受成为"老师"的认证课程训练的过程中，由于我当时所处的职位，无论是老师还是同学都不愿意直接给我反馈。现在回想起来，当时我处于一个"扭曲"的学习环境中。因此，即使我顺利通过了认证，在很多方面，我对自己的认识仍然是模糊的。

给我帮助最大的就是我在前面曾经提到过的那位荷兰老师。她曾经当过演员，受过专业的表演训练，后来长期担任演讲训练教练。在那次短时间的高强度训练中，她让我站在台前反复练习，就我的声音、眼神、表情、手势、走动等各个方面给出了及时精准的反馈。在经历了大约两个小时的高强度训练后，我感觉自己简直完成了一次蜕变。

她还就我接下来应该加强哪些方面的练习等给出了详细的建议。

后来，我就一直按照她的这些建议训练自己，并在训练过程中，不断根据自己的领悟提高训练标准、丰富训练方法，逐步形成了自己的风格，同时也深刻地体验到了一个人的 Being（身心状态）在当众表达中的重要性。

后来，正如我在前面所写的那样，我还专门邀请了一位声音训练老师帮助我提升运用声音的能力。所有这些训练都让我获得了极大的成长，并在当众表达中表现得越来越好。

# 第 40 章　性格成长力与当众表达力

当众表达力是我们在职场中指数级放大价值的能力。无论是团队会议、客户演示还是公共演讲，出色的表达能力都能显著增强个人的影响力。理解和运用好以 MBTI 为基础的性格成长力，能够帮助我们有针对性地提升当众表达力。

## 40.1　利用优势，克服挑战

每种性格倾向在表达方面都有其优势和挑战。了解这些优势和挑战能够帮助我们制定更有效的表达策略。这些内容可以总结为表 40-1。

表 40-1　性格倾向对当众表达力的影响

| 倾向 | 优势 | 挑战 | 改进策略 | 示例 |
|---|---|---|---|---|
| E | 能量充沛，善于与观众互动 | 可能过度依赖即兴发挥，忽略演讲结构和深度 | 保持热情互动，同时注重演讲结构，专注于主题 | 例如，E 倾向的销售经理在产品发布会上，通过与观众互动和回答问题，显得非常有感染力，但如果没有事先准备好主要内容，可能会导致信息不连贯和不深入 |
| I | 深思熟虑，擅长准备和规划 | 需要更多准备时间，过程中互动会较少 | 充分准备，设计并演练与观众互动的环节 | 例如，一位 I 倾向的技术专家在行业会议上，通过详细的演示文稿和数据分析展示了专业知识，但在问答环节显得有些紧张，需要更多地练习与观众互动的技巧 |

续表

| 倾向 | 优势 | 挑战 | 改进策略 | 示例 |
|------|------|------|----------|------|
| S | 注重具体事实和细节，提供具体实例和数据 | 可能缺乏整体性的逻辑和结构 | 确保表达中加入整体的逻辑和结构，强化不同部分之间的关联 | 例如，一位 S 倾向的项目经理在汇报项目进度时，通过列举具体的完成情况和数据，增强了说服力，但需要注意整体逻辑的连贯性 |
| N | 擅长大局观和创新思维，分享创新观点 | 可能过于抽象 | 为每个概念加入实际案例，增强说服力 | 例如，一位 N 倾向的创新顾问在公司战略会上提出了未来五年的发展愿景，但为了让自己的想法更具说服力，加入了成功案例和具体实施步骤 |
| T | 注重逻辑和客观分析，理性表达 | 可能与受众缺乏情感连接 | 加入情感元素，并在现场强化对受众情绪状态的感知 | 例如，一位 T 倾向的财务分析师在年度财务报告中，通过严谨的数据分析展示了公司业绩，但需要在结论部分加入对团队努力的认可，以增强情感共鸣 |
| F | 重视人际关系和情感表达，真诚热情 | 可能受现场情绪影响，内容上的理性分析不够 | 保持真诚，同时注重理性分析、逻辑和结构等 | 例如，一位 F 倾向的人力资源经理在员工大会上，通过分享员工故事和感人瞬间激励团队，但要确保演讲逻辑严密、结构清晰，以提升信息传递的效果 |
| J | 注重计划和组织，清晰有条理 | 可能缺乏灵活应对能力 | 训练应对突发情况的能力，提升适应能力 | 例如，一位 J 倾向的项目主管在项目启动会上，详细规划了各项任务和时间表，但在面对突发问题时，需要提升应对的灵活性 |
| P | 擅长适应和灵活应对，即兴发挥 | 可能跑题，过于随意 | 适当准备，确保内容的连贯性，聚焦主线 | 例如，一位 P 倾向的市场营销人员在产品推广活动中，通过即兴发挥和现场互动吸引了大量客户关注，但需要在活动前做好充分准备，以确保内容的一致性和专注性 |

## 40.2　自我反思与持续改进

　　有效的当众表达需要不断地自我反思与改进。每次完成当众表达后，最好都进行自我评估，回顾哪些地方表现出色、哪些地方需要改进，然后在性格成长力的基础上，不断丰富自己的学习偏好，充分利用好自己的优势，同时不断弥补那些短板，为自己下一次的当众表达提供更强的能力支撑。

# 后　记

这本书从一开始落笔，到最终完成初稿，历时两年有余。2022年落笔时，我是想把它献给软实力工场的十周年生日的，但终因自己的惰性而未能如愿。

本来这本书还想把组成我们"软实力三原色"的果敢力、思辩力和自驱力收录其中，并拟用《赢在职场的七大软实力》这个书名。但后来在与不同客户的人力资源主管及业务高管交流时，他们都建议我把果敢力、思辩力和自驱力这三个重要的软实力单列出来，原因是它们与本书所讨论的组成职场软实力调色盘的四大软实力相比，属于由职场软实力调色盘调出的更高阶的软实力，应该为它们另外出一本名称与我们的课程组合一致的书：《软实力三原色——掌控人生的三大关键能力》。尽管这样的安排会给我带来更多写作上的压力，但我觉得他们的建议十分中肯。他们用出色的思辩力帮我看到了问题的本质。

在职业发展的道路上，软实力的作用往往被许多人忽视或低估。作为本书的作者，我一直深信，除了硬实力，软实力同样在职场中扮演着至关重要的角色。软实力不仅能够帮助我们在复杂多变的职场环境中立足，更能够推动我们从"普通"向"卓越"转变。这本《职场软实力调色盘——放大职场价值的艺术》凝聚了我多年来的经验、思考和探索，也是我在与许多职场人，包括企业管理者的互动过程中不断总结出的成果。我希望通过这本书，能够帮助读者全面认识并提升自身的软实力，以便在职场上获得更多的机会和更高的价值。

作为软实力工场的创始人，我多年来一直致力于软实力的研究、实践与训练传播。软实力的提升不仅仅是技巧的学习，更是个人内在修养的体现。它是"管理自己和影响他人"的能力合集。尽管对于不同的人来说，软实力的具体内容可能有所不同，但其中的核心理念却是一样的——在复杂的社会关系中找到属于自己的位置，在人际互动中实现自我价值的最大化，通过自己的影响力促进自己、他人和组织的成功。

这本书的写作历程并不轻松，每一个章节都是我职场和人生经历的积累，也是我与学员、客户、同事们讨论和思考的结果。在我看来，职场不仅仅是一个求生存的场所，更是一个展现自我价值、追求个人成长的舞台。为了能够更好地与读者分享自己在软实力领域的理解和心得，我在书中尽可能直接地分享自己的观点，并提出一些行之有效的提升软实力的方法。

"软实力"这个词语，在国内外的职场中越来越频繁地被提及。早在 20 世纪 90 年代，哈佛大学教授约瑟夫·奈（Joseph Nye）便提出了"软实力"这一概念，并认为软实力在国家竞争力、企业运营乃至个人职业生涯中都扮演着重要角色。软实力的内涵十分广泛，涉及人际交往、情商管理、团队协作、沟通技巧、变革管理、影响力与领导力等方面。我们可以从多个角度来理解软实力的作用。例如，一位出色的管理者不仅仅依赖于技术能力，更依赖于其沟通技巧、决策能力、团队建设能力、激励能力等软实力。正如我在本书开篇所言：软实力是职业高度与个人幸福之力。

然而，尽管软实力如此重要，许多人依然未意识到其在职场中的关键作用。大多数人会在如何处理事务等硬实力的培养上投入大量时间和精力，而忽视对软实力的培养和持续提升。尽管有些软实力会随着我们的成长而"自然"提升，就像本书提及的几项核心能力一样，但只要我们想放大自己的职场价值，或者收获更加幸福的人生，就需要持续精进，在日常工作和生活中不断积累和提升。在这本书中，我尝试通过分享观点、引用案例、介绍方法等方式，不断强调软实力的重要性，希望有更多人能够更加注重软实力的培养和提升，让自己在职场中收获更多的成功，在生活中收获更好的人生体验。

这本书的写作融入了我本人的职业生涯和人生经历。在职业初期，我也曾面临过许多困惑和挑战。在技术的积累上，当时的我并不缺乏优势，但在沟通、协调和领导团队方面，我却常常感到力不从心。直到后来，我意识到，真正让职场成功的并不仅仅是硬实力的堆砌，而是通过软实力影响他人、推动项目、达成目标。后来，因为偶然的机会，我进入领导力和软实力训练这个专业领域，从而能够有机会让自己在职业生涯和人生经历中的那些软实力从潜意识层面上升到有意识的层面，收获巨大的成长和丰富的思想体验。

通过这本书，我希望能够帮助那些在职场中奋斗的人找到自己的优势，提升自己的影响力。无论你是职场新人还是经验丰富的管理者，提升软实力都会给你的职业生涯带来巨大的推动作用。书中的内容不只是空洞的理论，更是我的职场感悟和人生心得。我深信，每一位有志于提升自我、实现职业梦想的人，都能够或多或少地从这本书中收获一些启发或共鸣。

回顾自己走过的职场路，我深知，没有足够的软实力，单靠硬实力很难走得更远。在我看来，职场是一个充满变数的地方，拥有强大的软实力可以让你在充满竞争和挑战的环境中更加游刃有余。而正是通过软实力的提升，我们能够更好地理解自己、理解他人，进而提升自己在团队中的价值，促进个人和组织的双赢。

我希望，在翻阅这本书时，你不仅能学到一些实用的技巧，更能反思自己在职场中的角色，找到提升自我、突破瓶颈的关键点。如果说硬实力是你在职场上立足的基础，那么软实力则是你不断向上攀升的动力。只有不断提升软实力，你才能在职场的竞争中获得更多的机会、获得更多的认可。

在此，我要感谢所有支持我的朋友，是你们的陪伴和鼓励让我能够继续走下去，不断探索和实践软实力的奥秘。同时，我也要感谢所有阅读本书的朋友，你们的支持和反馈将成为我继续努力的动力。软实力的提升是一个漫长的过程，但我相信，只要你愿意付出努力，就一定能够收获成长和成功。

最后，愿每一位读者都能通过提升软实力放大自己在职场中的价值，实现自己的职业理想。无论你身处何种职场环境，只要你不断学习、不断成长，就一定能够在这个充满挑战和机遇的职场大海中乘风破浪，扬帆远航。

书中的很多观点都是我个人在实践中的所得，因阅历和水平有限，这些观点一定还有很多不足之处，希望得到读者的指正。

# 参考资料

● Daniel G. Emotional intelligence: why it can matter more thank IQ [M]. New York: Bantam Books, 1995.

● Daniel G. Working with emotional intelligence [M]. New York: Bantam Books, 1998.

● David E. Range: why generalists triumph in a specialized world [M]. New York: Macmillan, 2019.

● Isabel B M, etc. MBTI manual: a guide to the development and use of the Myers-Briggs Type Indicator [M]. Palo Alto: Consulting Psychologists Press, Third Edition, 1998.

● Jeff S, Scrum Inc. Scrum: the art of doing twice the work in half the time [M]. New York: Crown Publishing Group, 2014.

● Stephen R. The 7 habbits of highly effective people [M]. New York: Free Press, 2004.

● 大卫·里德尔. 冲突管理 [M]. 北京：中国友谊出版公司，2018.

● 戴尔·卡耐基. 化解冲突的艺术 [M]. 北京：中国电力出版社，2015.

● 蒋齐仕. 果敢力：始终做自己的艺术 [M]. 北京：电子工业出版社，2019.

● 彼得·迈尔斯，尚恩·尼克斯. 高效演讲 [M]. 长春：吉林出版集团有限责任公司，2013.

● 尤瓦尔·赫拉利. 人类简史：从动物到上帝 [M]. 北京：中信出版社，2014.

● 张维迎. 理念的力量 [M]. 西安：西北大学出版社，2014.